Le tritium
Actualité d'aujourd'hui et de demain

Suzanne Gazal
Jean-Claude Amiard
Coordonnateurs

Editions TEC & DOC
11, rue Lavoisier
F-75008 Paris

Editions Médicales internationales
Allée de la Croix Bossée
F-94234 Cachan cedex

Chez le même éditeur

Toxicologie nucléaire environnementale et humaine
M.-T. Ménager, J. Garnier-Laplace, M. Goyffon, 2009

Manuel pratique de radioprotection
D.-J. Gambini, R. Granier, 3e édition, 2007

Les retombées radioactives de l'accident de Tchernobyl sur le territoire français
Collection « Sciences et techniques » de l'IRSN
P. Renaud, D.-I. Champion, J. Brenot, 2007

Sécurité et utilisation hostile du nucléaire civil – De la physique à la biologie
Rapport à l'Académie des sciences
R. Dautray, coord., 2007

Introduction à l'écotoxicologie : fondements et applications
F. Ramade, 2007

Toxicologie
A. Viala, A. Botta, coord., 2e édition, 2005

Les isotopes du plutonium et leurs descendants dans le nucléaire civil
Rapport à l'Académie des sciences
R. Dautray, 2005

Scientific trends in radiological protection of the environment - ECORAD 2004
Collection « Colloques » de l'IRSN
F. Bréchignac, B.J. Howard, coord., 2005

Cadre méthodologique pour évaluer l'impact des rayonnements ionisants sur les espèces non humaines - Publication 91 de la CIPR
Collection « Lignes directrices » de l'IRSN
IRSN, 2005

Le risque nucléaire
H. de Choudens, 2001

ISBN : 978-2-7430-1251-9

Préface

Le présent ouvrage, coordonné par S. Gazal et J.-C. Amiard, traite d'un des sujets qui sont aujourd'hui et plus que jamais de la plus grande actualité dans les domaines scientifique et technique, à savoir les risques que présentent pour la radioprotection et l'hygiène publique les rejets de tritium effectués dans l'environnement par les activités nucléaires. Cet intérêt renouvelé pour le tritium résulte de l'augmentation prévisible dans les prochaines décennies de la production d'électricité d'origine nucléaire et de la part importante que celle-ci sera susceptible d'occuper dans le bouquet énergétique global, du fait notamment de la raréfaction des ressources énergétiques fossiles. Des quantités croissantes de tritium sont d'ores et déjà rejetées dans l'environnement par les réacteurs actuellement en service qui, à l'exception des CANDU canadiens, sont en très grande majorité des réacteurs de la filière à eau légère pressurisée. Il en sera *a priori* de même avec les EPR et autres futures générations de réacteurs de la même filière. Enfin ITER, qui est un instrument expérimental, et dans le très long terme la mise en service éventuelle de réacteurs à fusion industriels, présentent quant à eux un potentiel bien plus considérable de rejet de tritium dans l'environnement.

Par-delà la contribution significative et mal évaluée des activités militaires, l'augmentation des rejets de tritium dans l'atmosphère et les eaux naturelles, tant en France que dans l'ensemble des pays dotés d'une industrie nucléaire, est déjà une réalité qui suscite un besoin en recherche incontestable afin d'améliorer à la fois la connaissance des risques que présentent ces rejets et la mise en œuvre de mesures qui permettent leur réduction.

Cet excellent ouvrage traite de façon quasi exhaustive des diverses questions que pose le rejet de tritium dans l'environnement, qu'elles soient d'ordre physicochimique ou biologique, plus particulièrement dans les domaines de l'écotoxicologie et de la santé publique. Il comporte six chapitres, qui abordent successivement les propriétés radiochimiques générales et la mesure du tritium, ses origines naturelle et anthropique, les problèmes posés par la gestion des déchets tritiés, les rejets de tritium et le devenir de celui-ci dans l'environnement, la modélisation de la circulation du tritium dans l'environnement, enfin les questions soulevées par le transfert de ce radio-isotope de l'environnement à l'homme, l'évaluation quantitative de l'exposition et les conséquences sanitaires de la contamination des populations par le tritium.

La rédaction de chacun des chapitres se fonde sur une étude approfondie d'une masse considérable de données publiées dans des revues de recherche spécialisées notamment en radioécologie et en radiobiologie, ou encore dans des rapports émanant d'Agences nationales et internationales compétentes en matière d'énergie nucléaire. Chacun des auteurs, puisqu'il s'agit d'un ouvrage collectif, présente de façon synthétique et rationnelle les divers acquis des recherches antérieures, les discute au regard des lacunes des connaissances et des incertitudes qui découlent de celles-ci, et évalue avec pertinence les besoins en recherche qui subsistent dans chacun des domaines abordés.

L'ouvrage souligne notamment, et à juste titre, la nécessité d'identifier et de caractériser d'éventuels effets aux stades vitaux radiosensibles y inclus fœtaux, d'améliorer la compréhension de la biocinétique du tritium, en particulier entre les différents niveaux trophiques ainsi qu'au niveau cellulaire, aux faibles doses et faibles débits de dose, et de mieux évaluer l'Efficacité biologique relative du tritium. Par ailleurs, les auteurs soulignent l'urgence qu'il y a à définir des valeurs limites d'exposition au tritium par la voie alimentaire, les formes organiques du tritium – celles liées aux substances biochimiques – étant potentiellement les plus préoccupantes quant à leur risque radiotoxique, tant du fait de leur période biologique dans l'organisme, la plus élevée de toutes les formes du tritium, que de leur toxicité intrinsèque.

En conclusion, nous recommanderons sans aucune réserve la lecture de ce très intéressant ouvrage, qui est d'abord destiné à un lectorat professionnel, aux divers experts impliqués dans le nucléaire, qu'ils soient chercheurs, ingénieurs ou technologues, mais aussi à quiconque bénéficiant d'une formation scientifique supérieure et qui s'intéresse d'une façon ou d'une autre aux divers aspects environnementaux propres au développement des applications de l'énergie atomique. Nous insistons également sur les nombreuses informations qu'il comporte concernant les notions de base relatives au tritium et à ses sources, la mesure du tritium et l'état radiologique de l'environnement, ainsi que les aspects réglementaires en matière de rejet, de surveillance de l'environnement et de gestion des déchets, constituant ainsi une source d'information précieuse pour tout un chacun, qu'il soit expert ou simple citoyen.

François Ramade
Professeur émérite d'écologie à l'université de Paris-Sud (Orsay)
Membre honoraire du Conseil scientifique
de l'Institut de protection et sûreté nucléaire

Préface

Président de l'Association nationale des commissions locales d'information (ANCLI) et président d'une commission locale d'information, je suis confronté régulièrement aux questionnements des citoyens français sur les risques liés aux activités nucléaires, interrogations qui sont relayées par les médias.

Ce constat illustre l'évolution des exigences en matière de gouvernance des activités à risque que l'on observe aujourd'hui dans les sociétés industrialisées.

En effet, là où les certitudes scientifiques étaient supposées étayer la décision, les limites de la connaissance ne peuvent plus aujourd'hui être occultées, et leur prise en compte est demandée avec force. Là où bien souvent les décisions étaient prises sans explication ni justification concernant les bénéfices et les inconvénients dont elles étaient porteuses pour les différents acteurs sociaux, ceux-ci souhaitent aujourd'hui connaître les enjeux qui leur sont potentiellement associés, non seulement à court terme, mais également à moyen et long termes. Là où les inconvénients éventuels étaient souvent occultés au profit de la présentation des bénéfices (légitimement) attendus en termes de développement et de compétitivité économiques, la préservation de l'environnement et de la santé s'invitent dans le débat. Là où l'administration de la preuve d'éventuels effets délétères était un pré-requis à tout questionnement quant à la légitimité d'une pratique ou d'une innovation, on assiste aujourd'hui à un renversement de la charge de la preuve et à l'inscription du principe de précaution dans la Constitution française. D'ailleurs, les critères d'évaluation retenus dans le processus d'expertise sont interrogés au regard, à la fois de la perspective et du système de valeurs qui les sous-tendent : l'expert peut-il à lui seul appréhender tous les aspects d'un problème ? n'est-il pas le produit d'un système institutionnel qui est porteur de valeurs – d'une idéologie ? C'est la société civile qui est conviée à faire entendre sa voix. C'est la notion de neutralité de l'expertise qui se trouve interrogée. Enfin, la confusion entre expertise, gestion des activités à risque et décision, ainsi que les pressions éventuelles exercées sur le décideur par certaines catégories d'acteurs se trouvent dénoncées.

Ces nouvelles exigences s'expriment aujourd'hui en France avec force, en premier lieu dans le domaine des activités nucléaires.

Lui-même à la fois témoin et acteur de cette évolution sociale, le Législateur français a voulu donner un statut juridique aux commissions locales d'information auprès des installations nucléaires de base (CLI) – émanation au niveau local de la société civile, et à leur fédération nationale, l'Association nationale des commissions locales d'information (ANCLI). En effet, la loi du 13 juin 2006 relative à la transparence et à la sécurité en matière nucléaire, et son décret d'application du 12 mars 2008 relatif aux commissions locales d'information auprès des installations nucléaires de base, confèrent à ces instances la possibilité, voire l'obligation, d'agir et ce sur la base de trois principes : le débat contradictoire, la transparence et l'indépendance. Pour ce faire, le législateur insiste sur les capacités et le devoir d'expertise des CLI, sur la nécessaire accessibilité à l'information et sur l'indépendance de cette expertise par rapport aux acteurs du nucléaire (pouvoirs publics, exploitants). Il définit un autre type de rapports entre puissance publique, acteurs de la filière nucléaire et citoyen.

Dès lors, la mission des CLI et de l'ANCLI est de s'impliquer dans cette nouvelle forme de gouvernance, notamment en s'appuyant sur des capacités propres d'expertise. Cette expertise nouvelle, indépendante de la prise de décision (même si la question se pose de sa prise en compte ultérieure par le décideur), a une mission essentielle : tracer les contours des connaissances relatives aux divers projets industriels, et en suivre la mise en œuvre. Elle suppose deux qualités essentielles : d'une part la compétence, d'autre part l'attitude interrogative – que je déclinerai à la fois comme l'aptitude à interroger les idées reçues et à aller au fond des choses.

Sollicité par la société civile et par l'ANCLI, le comité scientifique de l'ANCLI a souhaité examiner sous ce double rapport la question du tritium.

Le présent ouvrage constitue un élément de réponse aux préoccupations exprimées de manière récurrente par la société française sur une question dont l'actualité n'est pas près de se démentir.

Je remercie vivement ses auteurs, au nom de l'ensemble des commissions locales d'information dont ma mission est de porter les interrogations.

Jean-Claude Delalonde
Président de l'Association nationale
des commissions locales d'information (ANCLI)

Liste des auteurs

Jean-Claude AMIARD
Directeur de recherche au CNRS en Écotoxicologie à l'université de Nantes
EA 2160 MMS – Section Écotoxicologie

Bernard CAUSSADE
Directeur de recherche honoraire au CNRS
en Mécanique des fluides environnementaux

Christian CHENAL
Professeur Émérite en Cancérologie et Radiobiologie à l'université de Rennes 1
UMR CNRS 6553 ECOBIO – Équipe Radiations, Environnement, Adaptation

Suzanne GAZAL
Maître de conférences en Psychologie du risque à l'université de Toulouse 2
UMR CNRS 5263 CLLE – Laboratoire Travail et Cognition

Françoise HUBERT
Chargée de recherche honoraire au CNRS en Physique nucléaire

Monique SENE
Directeur de recherche honoraire au CNRS en Physique nucléaire

Membres du Comité scientifique de l'ANCLI

Remerciements

Les auteurs remercient les membres du comité scientifique de l'ANCLI pour leur aide précieuse.

Ils remercient également les commissions locales d'information et les commissions d'information auprès de sites nucléaires qui leur ont facilité l'accès à divers données et documents.

Avant-propos

Sous l'effet d'événements collectifs mettant en péril l'environnement et/ou la santé humaine (catastrophes industrielles, crises sanitaires, évolution du climat...), dans le contexte d'une société caractérisée par la perte de nombre de ses repères fondamentaux, par le désengagement et par la mise en œuvre de technologies à fort potentiel catastrophique, on assiste aujourd'hui à la construction du risque technologique et plus généralement de la notion même de prévention et de gestion des situations critiques comme objets sanitaires, environnementaux, sociaux et politiques.

C'est ainsi que l'augmentation des rejets de tritium par les centres nucléaires de production d'électricité français suscite des interrogations et une demande d'information pressante de la part des acteurs de la société civile.

La communication sur le risque industriel est une démarche complexe, dont l'objectif est de contribuer à une construction et à une maîtrise collectives du risque, démarche qui requiert des informations contradictoires, fiables et exhaustives sur les différentes facettes du risque, notamment en matière de sûreté, de santé et d'environnement.

Dans ce contexte de débat, le comité scientifique de l'Association nationale des commissions locales d'information a réalisé un état des lieux de la question du tritium.

La démarche classique pour traiter des polluants introduits dans l'environnement consiste tout d'abord à les caractériser en termes qualitatifs et quantitatifs, et à en identifier la ou les sources, les voies et les modalités de rejet. Il s'agit ensuite de caractériser leur transfert entre les différents compartiments de l'environnement et au sein de ceux-ci, puis d'en identifier les effets délétères sur les organismes vivants aux plans biologique et sanitaire. La maîtrise sociétale du risque se doit également d'être évoquée : réglementation, contrôle, place de la société civile dans la prise de décision et le suivi des activités à risque concernées. Les aspects méthodologiques et les incertitudes scientifiques occupant une place centrale dans l'évaluation du risque, et par conséquent dans la prise de décision et la réglementation, elles doivent naturellement être intégrées au processus de construction de l'information. Enfin, l'ensemble du cycle industriel dans lequel s'inscrivent éventuellement les polluants qui font l'objet de l'étude doit être dans la mesure du possible pris en compte.

Cette démarche s'applique parfaitement à la question du tritium.

Après avoir présenté les caractéristiques du tritium, on s'attachera à en décrire les différentes sources, naturelle et anthropique. À cette occasion, on dressera un bilan de la situation en France, son évolution et ses perspectives. La question de la biodisponibilité et de la biocinétique des différentes formes du tritium sera ensuite présentée dans toute sa complexité, et un état de la contamination des milieux par le tritium, tant en France qu'à l'étranger, sera réalisé. Cette présentation sera enrichie par une réflexion sur les apports et les limites de la modélisation et sur la mesure de la contamination par le tritium. La problématique du transfert du tritium dans l'environnement et les questions qu'elle soulève conduiront naturellement à en évoquer la toxicité. Après avoir exposé les bases de la radioprotection au plan international, on s'attachera à présenter les connaissances disponibles concernant l'impact biologique et sanitaire du tritium et à en souligner les limites. La réglementation française et/ou internationale en matière de rejets et de déchets tritiés, de marquage des milieux récepteurs par les effluents tritiés des installations nucléaires (lorsqu'une telle réglementation existe), de surveillance de l'activité en tritium dans l'environnement par les exploitants nucléaires, et d'exposition du public et des travailleurs au tritium sera également présentée. Cette étude enfin sera l'occasion de proposer un certain nombre d'orientations de recherche en matière de radioécologie et de radiotoxicologie.

Suzanne Gazal

Table des matières

Chapitre 2

Les origines du tritium présent dans l'environnement

Chapitre 3

La gestion des déchets tritiés

Chapitre 4

Tritium et environnement

Chapitre 5

Modélisation du transport de tritium dans l'environnement

Chapitre 6

L'homme et le tritium

Chapitre 1

Caractéristiques et mesure du tritium

Françoise Hubert

L'atome d'hydrogène a trois isotopes : deux isotopes stables, l'hydrogène, le deutérium, et un isotope radioactif, le tritium. Ces trois isotopes se distinguent par des différences de masse relativement plus importantes qu'entre les isotopes des autres éléments, puisque cette différence est égale à un facteur trois entre l'hydrogène et le tritium. Cela explique l'attribution de noms distincts à ces trois isotopes, ce qui est une exception au niveau de la dénomination des isotopes.

L'isotope « hydrogène » est le plus léger et le plus abondant ; il ne comporte qu'un électron et un proton. L'isotope « deutérium » est constitué d'un électron, un proton et un neutron. L'isotope « tritium » a un noyau composé d'un proton et de deux neutrons ; ses abréviations sont T ou ^3H ; il a été identifié en 1932 par Urey puis découvert par Rutherford en 1934 et séparé par Alvarez en 1937.

1. Les propriétés chimiques du tritium

Le tritium se présente sous plusieurs formes chimiques : le tritium gazeux (HT), l'eau tritiée (HTO), les composés organiques, les composés métalliques et autres composés telluriques du tritium. Les composés organiques sont constitués soit par liaison avec la matière biologique, soit par incorporation à d'autres types de molécules (solvants…). Dans le premier cas, on parle de tritium organiquement lié (OBT). Cette forme est la plus fréquemment rencontrée et sera seule développée ci-dessous, conjointement avec les formes HT et HTO.

Le tritium lié à des atomes d'oxygène, d'azote, de soufre ou de phosphore est en général facilement échangeable. On parle de tritium « échangeable ». À l'inverse, la liaison du tritium avec des atomes de carbone est stable. Dans ce cas, le tritium est dit « non échangeable »[1].

2. Les propriétés nucléaires du tritium

Le tritium se désintègre exclusivement par émission β^- pour donner de l'hélium 3, qui est un isotope stable de l'hélium. L'énergie maximale (E_{max}) de l'électron (β^-) émis au cours de la désintégration est de 18,6 keV et son énergie moyenne de 5,7 keV. La distance maximale parcourue par les électrons ainsi émis est de 5 mm dans l'air et 6 µm (microns) dans l'eau et dans les tissus des organismes. La période radioactive physique du tritium est de 12,35 ans ; il en disparaît donc naturellement chaque année 5,6 %.

L'*unité de concentration* du tritium (UT) est définie par référence à l'hydrogène : une UT correspond à une proportion de un atome de tritium pour 10^{18} atomes d'hydrogène. L'*activité massique* du tritium est de $3{,}59.10^{14}$, $5{,}4.10^{13}$ et $3{,}7.10^{14}$ becquerels par gramme de matière selon qu'il s'agit de tritium pur, d'eau tritiée ou de tritium gazeux.

3. La discrimination isotopique

Généralement la discrimination isotopique est négligeable. Il faut y apporter deux restrictions qui sont susceptibles de s'appliquer au cas du tritium. Tout d'abord lorsque pour les éléments existant à l'état naturel, la forme chimique et le milieu d'émission des rejets anthropiques peuvent impliquer des voies et des processus de transfert autres que ceux identifiés pour l'élément stable. Ensuite, lorsque les masses atomiques sont relativement distinctes entre les isotopes stables et radioactifs. Ce qui est le cas du tritium, où le rapport de masse entre hydrogène et tritium est de 3.

1. Selon les contextes, le terme « tritium OBT » sera utilisé pour désigner soit le tritium organiquement lié non échangeable, soit les deux formes de tritium lié.

4. La mesure du tritium

En raison des propriétés bien particulières du tritium, les méthodes de quantification de ce noyau radioactif utilisent des techniques de physique nucléaire qui ne sont jamais faciles à mettre en œuvre surtout si l'on souhaite mesurer de faibles niveaux de radioactivité avec une bonne précision. De plus, dans le cas de la mesure du tritium dans l'environnement, un soin tout particulier doit être apporté à l'échantillonnage pour le prélèvement et la préparation.

Dans ce qui suit seront résumées les propriétés importantes du tritium du point de vue de son analyse quantitative. Le principe des techniques utilisées et leur domaine d'application ainsi que la préparation des échantillons seront ensuite présentés (Foulquier et Bretheau, 1998).

4.1. Le tritium, un isotope de l'hydrogène et un émetteur bêta pur très particulier

En ce qui concerne les propriétés du tritium, trois points doivent être soulignés.

Tout d'abord, le tritium est un isotope radioactif de l'hydrogène de période 12,35 ans. Il en a donc les propriétés physico-chimiques, à quelques différences près. En particulier il a une perméabilité importante à travers un grand nombre de matériaux puisque c'est un atome petit par rapport aux mailles cristallines typiques ou aux verres standard.

Ce comportement impose de choisir avec précaution les matériaux utilisés pour stocker ou mesurer les échantillons dont on veut connaître la concentration en tritium. De plus, un soin tout particulier doit être apporté au prélèvement dans l'environnement afin de prévenir la mise en équilibre du tritium avec l'air ambiant.

Ensuite, on appelle émetteur bêta pur, un radionucléide dont la désintégration ne s'accompagne pas d'une émission de rayonnement gamma. Du point de vue détection, ces radionucléides sont très particuliers car les désintégrations de type bêta donnent lieu à un spectre d'émission d'énergie des particules émises qui est *continu* : les électrons sont émis avec une énergie comprise entre zéro et l'énergie maximum disponible pour la réaction nucléaire. Dans le cas du tritium, l'énergie disponible est de 18,6 keV. La distribution des électrons, en forme de cloche, est telle que 50 % des électrons auront une énergie inférieure à 5,7 keV et 50 % une énergie comprise entre 5,7 et 18,6 keV.

En conséquence, il est le plus souvent impossible de caractériser un radionucléide bêta pur présent dans un mélange de noyaux radioactifs émetteurs bêta.

Les émissions de type bêta sont sans comparaison avec l'émission de rayonnements gamma, qui sont des *raies d'énergie* caractéristiques d'un radionucléide donné. La mesure de l'énergie des raies gamma suffit dans la majorité des cas à la mise en évidence des divers radionucléides émetteurs gammas présents dans un échantillon et de plus en une seule mesure et sans préparation « lourde ».

Enfin, de tous les émetteurs bêta purs, le tritium est celui qui présente la plus faible énergie maximale disponible, soit 18,6 keV. Pour les autres émetteurs bêta purs présents dans les rejets des centrales nucléaires, cette énergie est ainsi de 156 keV pour le carbone14, de 714 keV pour le chlore 36, de 67 keV pour le nickel 63, et de 546 keV pour le strontium 90.

La détection des électrons émis par le tritium impose donc des conditions spéciales car, en raison de leur faible parcours dans la matière, ils peuvent être en grande partie absorbés dans l'échantillon (auto absorption) et surtout, le détecteur utilisé doit avoir un seuil de sensibilité en énergie adapté.

4.2. La détection du tritium

Tout d'abord, en termes d'activité, la mesure du tritium couvre un vaste spectre de plusieurs ordres de grandeur, depuis les mégabecquerels de l'industrie nucléaire (les limites de détection réglementaires pour les *rejets* gazeux et liquides sont respectivement de 1 000 et 100 000 Bq de tritium par m^3), jusqu'aux dizaines de μBq mesurés lors des études scientifiques utilisant le tritium (par exemple l'étude des concentrations de tritium d'origine cosmique dans l'eau).

Par ailleurs, l'activité de l'environnement en tritium est variable, le plus souvent faible. Ainsi l'activité de l'eau en tritium est comprise entre 0,1 et 10 $Bq.L^{-1}$. Dans la faune et la flore cette activité peut être bien plus faible. C'est pourquoi idéalement la sensibilité de mesure des appareils doit être pour le tritium de quelques millibecquerels.

Enfin, il n'existe pas dans le domaine des faibles radioactivités ($\leq$ Bq) de mesure directe en temps réel du tritium. De plus d'autres radioéléments sont également généralement présents, ce qui complique la mesure du tritium. Des protocoles élaborés (séparations physiques, chimiques, etc.) sont alors nécessaires.

4.2.1. Les compteurs proportionnels et les chambres d'ionisation

Ce sont des détecteurs gazeux qui mettent en jeu l'ionisation du gaz de l'enceinte qui se produit lors du passage du rayonnement émis lors de la désintégration radioactive. Ces compteurs sont le plus souvent utilisés pour surveiller l'activité en tritium dans l'air dans les zones où la radioactivité du tritium est importante. Le plus souvent les moniteurs sont formés d'un mélange (compteur proportionnel + chambre d'ionisation) dans le but de couvrir une grande gamme d'activité allant du $kBq.m^{-3}$ au $GBq.m^{-3}$.

4.2.2. Les détecteurs à scintillations

C'est le type de détecteur le plus largement utilisé pour la mesure du tritium. Le principe est de transformer les rayonnements ionisants, consécutifs aux désintégrations radioactives, en lumière, détectable et quantifiable. Le milieu scintillant peut être solide ou liquide.

Dans le cas du tritium, les détecteurs les plus utilisés sont les détecteurs à scintillation liquide. La préparation de l'échantillon joue un rôle crucial et représente une étape importante en termes de durée (filtration, purification, enrichissement électrolytique…).

Ces détecteurs présentent des sensibilités de mesure pouvant aller jusqu'à environ 0,04 $Bq.L^{-1}$.

4.2.3. La spectrométrie de masse

Cette méthode consiste à mesurer la quantité de noyaux d'hélium-3 formés au cours de la désintégration du tritium (la décroissance radioactive du tritium conduit à l'émission d'un électron, d'un neutrino et d'un noyau ^{3}He). Cette méthode est de loin la plus précise, avec une sensibilité de mesure $\leq$ $mBq.L^{-1}$ d'eau. En contrepartie, les analyses sont longues et impliquent un appareillage complexe.

4.3. L'échantillonnage du tritium dans l'environnement et les milieux biologiques

Un soin particulier doit être porté à l'échantillonnage (Belot, 1996b).

Comme cela a été vu précédemment, le tritium existe dans l'environnement sous plusieurs formes chimiques : l'eau tritiée (HTO), le gaz tritié et le tritium lié à la matière organique (OBT). Dans ce dernier cas, le tritium prend la place de l'atome d'hydrogène selon deux types de réaction conduisant soit à des liaisons labiles (on dit alors que le tritium est *échangeable*) soit à des liaisons stables conduisant à un tritium OBT *non échangeable*. Les risques pour la santé liés à la contamination par le tritium, bien que posant des questions non encore résolues, sont variables en fonction de sa forme chimique (*cf.* chapitre 5). Lorsqu'on mesure le tritium dans l'environnement ou les milieux biologiques il est donc impératif d'en distinguer les différentes formes.

Les protocoles de prélèvement et de préparation des échantillons à quantifier dépendent de leur forme physico-chimique (gazeuse, liquide, minérale, biologique) et *in fine* de la technique de mesure radioactive utilisée. Mais dans tous les cas, le point crucial pour l'échantillonnage est de s'assurer qu'aucune contamination par du tritium « extérieur » n'est intervenue. Le tritium, particulièrement mobile, est en effet présent partout.

La détermination du tritium HTO dans l'eau est directement réalisée sur des échantillons filtrés. Dans l'air le tritium sous forme d'eau tritiée est obtenu en utilisant des desséchants solides. Dans le cas d'échantillons minéraux ou biologiques, les protocoles utilisés, plus élaborés, sélectionnent les différentes formes de tritium : des techniques d'étuvage-lyophilisation permettent l'extraction de l'eau HTO et du tritium OBT facilement échangeable. Le tritium organique non-échangeable est ensuite obtenu par combustion et distillation de l'eau de combustion.

Calmet *et al.* (2004) ont recensé les conditions pour que les échantillonnages soient représentatifs de l'environnement et que les mesures de radioactivité soient de qualité.

5. Conclusion

Du fait de ses propriétés physico-chimiques et radioactives, le tritium occupe une place très particulière du point de vue de la détection et de l'analyse. De plus, qu'il s'agisse de l'environnement ou des milieux biologiques, la contamination par le tritium est en général faible et les activités souvent proches de la limite de détection des appareils de mesure les plus courants.

Toute étude portant sur l'impact biologique et sanitaire d'un produit quel qu'il soit requiert des informations fiables et précises. Dans le cas du tritium, de telles données sont particulièrement difficiles à obtenir et des précautions très spécifiques doivent être prises à toutes les étapes de l'analyse, depuis le prélèvement et le traitement de l'échantillon jusqu'au choix du détecteur utilisé.

Chapitre 2

Les origines du tritium présent dans l'environnement

Suzanne Gazal

1. Le tritium d'origine naturelle

Le tritium peut être d'origine naturelle ou anthropique. Le tritium d'origine naturelle provient principalement de l'action des rayonnements cosmiques sur l'azote, l'oxygène et l'argon. Environ 99 % de ce tritium est incorporé à l'eau et suit le cycle de cet élément (pluie, cours d'eau, océan, évaporation...). Le stock de tritium naturel représenterait $1,3.10^{18}$ Bq et la production naturelle annuelle serait d'environ $7,2.10^{16}$ Bq (0,2 kg de tritium).[1]

2. Le tritium d'origine anthropique

Il est produit par certaines activités militaires et civiles, qui rejettent dans l'environnement des effluents gazeux[2] et liquides contaminés par le tritium et qui

1. Les activités en tritium seront exprimées dans le présent chapitre en becquerel (Bq). Pour des raisons pratiques, elles seront exprimées en térabecquerel (10^{12} Bq) ou en gigabecquerel (10^{9} Bq) dans les courbes de rejet.

2. L'expression « rejets gazeux » ou « activités gazeuses rejetées » désignera dans la suite de ce chapitre les activités rejetées dans l'atmosphère sous forme de gaz tritium et/ou de vapeur d'eau tritiée.

produisent des déchets solides contaminés par le tritium eux-mêmes à l'origine de rejets d'effluents tritiés dans l'environnement.

Les activités militaires à l'origine de la dispersion de tritium dans l'environnement sont la recherche, la fabrication, le transport, l'expérimentation et le démontage d'armes nucléaires, incluant la production et le retraitement du combustible ainsi que la gestion des effluents et des déchets.

Quant aux activités civiles, il s'agit de la production d'énergie nucléaire et d'activités afférentes (recherche, retraitement du combustible irradié, démantèlement, traitement, entreposage et stockage d'effluents et de déchets contaminés), ainsi que de la recherche et de la fabrication de molécules marquées en lien avec le vivant ou avec certains secteurs industriels.

À titre d'illustration, on dressera ci-dessous un bilan succinct de la situation en France. Précisons que pour ce qui est des installations intéressant la défense nationale, on traitera des installations nucléaires de base secrètes (INBS) qui relèvent du Commissariat à l'énergie atomique (CEA) (ministère de l'Industrie), à l'exclusion des sites ou installations d'expérimentation nucléaire intéressant la défense (SIENID) (Le Ripault, Le Ruchard, CESTA hors LMJ, TEE..., Centre d'expérimentation du Pacifique) et des INBS qui relèvent du ministère de la Défense (bases navales et aériennes à vocation nucléaire, Centre spécial de montage de Valduc). Par ailleurs, diverses activités peuvent être développées sur un même site (*e.g.* activités militaires et civiles, de recherche et de production), les données relatives aux rejets de tritium pouvant alors être présentées de manière globale. Enfin, si les données relatives à ces rejets ne sont pas exhaustives, elles permettent néanmoins d'en appréhender l'importance et l'évolution dans le temps[3].

2.1. Le tritium issu des activités intéressant la défense[4]

2.1.1. Les essais d'armes nucléaires

Il convient au préalable de préciser qu'une source majeure de tritium a été les essais d'armes thermonucléaires qui ont été conduits par différents pays entre 1945 et 1996. Les essais aériens d'armes nucléaires ont en effet rejeté dans l'atmosphère environ 560 kg de tritium, soit $2,0.10^{20}$ *Bq*, essentiellement entre

3. Les autorisations de rejets en tritium gazeux et liquide pour les installations nucléaires civiles ou intéressant la défense sont présentées dans les tableaux 5 à 7.

4. « Activités d'armement nucléaire et de propulsion nucléaire navale » (décret n° 2007-758 du 10 mai 2007).

1945 et 1963[5]. Les essais souterrains n'auraient pas augmenté cet inventaire de manière significative. Les rejets atmosphériques ont eu lieu essentiellement dans la stratosphère. Ce tritium a atteint la surface du globe sous forme d'eau tritiée, par échange moléculaire et dépôt humide de la vapeur d'eau tritiée qui a été transférée, au terme d'un processus de quelques années, de la stratosphère à la troposphère (Belot, 1996a). Il subsistait environ 40 kg ($1{,}4.10^{19}$ Bq) de tritium en 2007, répartis entre l'atmosphère (~ 1 %), les océans (~ 90 %) et les eaux continentales (~ 10 %) (Guétat *et al.*, 2008).

2.1.2. La recherche et la fabrication d'armes nucléaires

On peut distinguer plusieurs types d'INBS en fonction de leurs activités : la production de matières fissiles et fusibles (Marcoule, Pierrelatte), la mise au point et la fabrication d'éléments d'armes nucléaires (Bruyères-le-Chatel, Valduc), de réacteurs pour navires à propulsion nucléaire (Cadarache-PN), la simulation (Laser Mégajoules du CESTA) (Amill, 2000). Ces différents sites sont en outre exploités par des opérateurs variés. Les données les concernant sont rassemblées dans le tableau 1.

2.1.2.1. La production de matières fissiles et fusibles

L'INBS *de Marcoule* (Gard), créée en 1955[6], comporte sept établissements (dont deux en phase de démantèlement). Elle est exploitée par le CEA. Initialement dédiée à la production de plutonium et de tritium pour la défense nationale, ses missions se sont élargies au nucléaire civil (voir 2.2).

L'INBS comprend trois réacteurs UNGG G1-G3 de faible puissance et plusieurs installations de retraitement des combustibles, arrêtés en 1997 et actuellement en phase de démantèlement. Elle comporte également des installations d'entreposage, de conditionnement, de traitement et de décontamination de déchets solides, d'effluents liquides, de combustibles irradiés et de matériels contaminés, ainsi que des laboratoires de mesure, les deux réacteurs Célestin (production de tritium militaire par irradiation neutronique d'éléments fertiles et production de radionucléides à usage médical) et l'atelier tritium ATM (extraction et conditionnement des gaz formés dans les réacteurs CELESTIN).

5. Les informations concernant les essais français ne sont pas disponibles.

6. On donnera pour chaque site la date de mise en service de la première installation nucléaire. Pour la date de mise en service de chacune des installations nucléaires, se reporter aux tableaux 6 et 7 en annexe du présent chapitre.

Les données relatives au fonctionnement et aux déchets produits à l'occasion du démantèlement sont intégrées dans le bilan global de l'ensemble du site.

Les réacteurs Célestin, l'atelier tritium (ATM) et, avant 1998, le retraitement de combustibles irradiés par UP1, constituent les sources principales de rejets de l'ensemble du site de Marcoule (installations militaires et civiles).

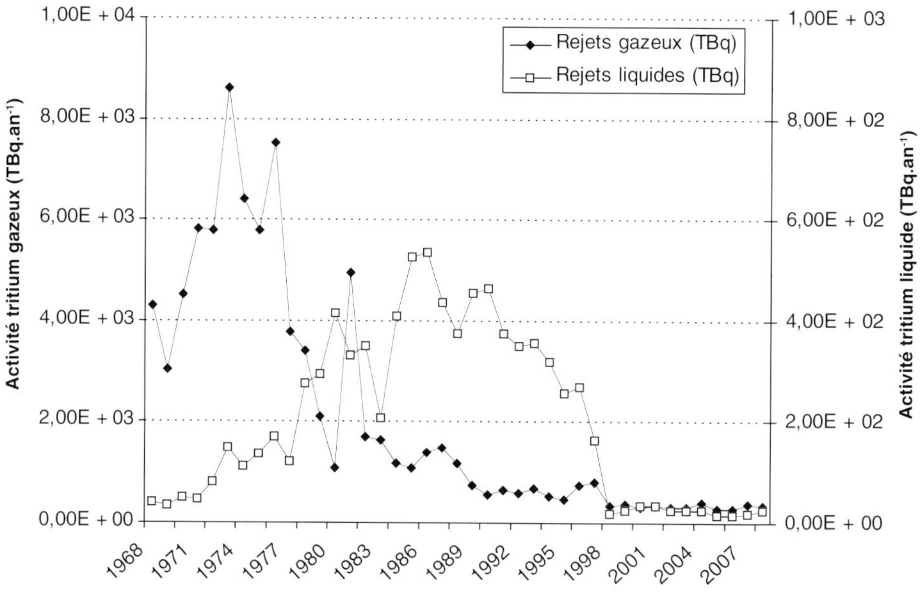

Figure 1. Activités annuelles rejetées en tritium gazeux et liquide par le centre de Marcoule entre 1968 et 2007 (*d'après* CEA, 2009d).

L'activité en tritium gazeux rejetée entre 1968 et 2006 témoigne d'une double tendance : augmentation jusqu'au milieu des années 1970 ($8{,}6.10^{15}$ Bq en 1973) puis décroissance relativement constante ($3{,}7.10^{14}$ Bq en 2007), malgré quelques pics en 1976, 1981, 1986-1987 et 1996-1997. Ces valeurs représentent une activité cumulée de l'ordre de *$8{,}6.10^{16}$ Bq*. Les activités rejetées pendant cette même période sous forme d'eau tritiée, croissantes entre 1968 et 1986 ($4{,}0.10^{13}$ à $5{,}5.10^{14}$ Bq.an^{-1}) décroissantes ensuite (mise en service de la station d'évaporation des effluents liquides en 1990, arrêt du retraitement par UP1 en 1998) correspondent à une activité cumulée rejetée de *$8{,}4.10^{15}$ Bq* (figure 1) (d'après CEA, 2009 d). L'activité totale rejetée au cours de la période 1968-2007 est donc de *$9{,}4.10^{16}$ Bq* ($2{,}4.10^{15}$ Bq.an^{-1}).

L'INBS de *Pierrelatte* (Drôme), exploitée par AREVA-NC, était initialement dédiée aux activités d'enrichissement (usine de diffusion gazeuse, 1964-1996, en cours de démantèlement). Elle a pour missions notamment le traitement du nitrate d'uranyle provenant du retraitement des combustibles irradiés UNGG de Marcoule, la transformation chimique d'uranium très enrichi et le recyclage de matières uranifères. Cinq installations associées à ces activités (maintenance, entreposage, manutention, échantillonnage, contrôles analytiques) sont également en activité.

Les activités en tritium gazeux rejetées par l'INBS et l'INB TU5 au cours des années 1989-1995 étaient de $6{,}0.10^{6}$ à $2{,}8.10^{7}$ $Bq.an^{-1}$ (HCEA,1998), inférieures de plusieurs ordres de grandeur aux activités rejetées par les sites de Marcoule, Bruyères-le-Châtel et Valduc.

2.1.2.2. *La mise au point d'éléments d'armes*

Le site de *Bruyères-le-Châtel* a été créé en 1958 et a aujourd'hui pour missions principales la conception et le maintien des capacités des charges nucléaires (force de dissuasion française), en articulation avec le centre de simulation du CESTA (Gironde), ainsi que l'ingénierie et l'assistance à la maîtrise d'ouvrage des installations scientifiques et techniques du CEA. Depuis l'arrêt des essais nucléaires en 1996, les compétences du site ont été modifiées (assainissement, démantèlement des capacités de production), et élargies (recherches en radiotoxicologie, centre informatique). Il comporte quatre installations, dont trois sont en phase de démantèlement (IRSN 2008).

Le site de *Valduc* est quant à lui un pôle de compétence dédié aux études et aux développements technologiques liés principalement à la fabrication et la maintenance de l'arme nucléaire française (matériaux, composants). Il comporte dix-sept installations dans lesquelles sont mis en œuvre ou entreposés des matériaux fissiles sous forme solide (uranium et plutonium) ou des matériaux fusibles sous forme gazeuse (tritium) provenant en grande partie de l'usine de Marcoule. Créé en 1957, ce site a accueilli du tritium à partir de 1963 (SEIVA, 2008b). Les premiers arrêtés d'autorisation de rejets datent pour ces deux sites du 3 mai 1995.

Les activités en tritium gazeux rejetées depuis 1969 par chacun des deux sites sont du même ordre de grandeur et témoignent depuis le début des années 1970 d'une décroissance constante (figures 2 et 3) : de $2{,}6.10^{16}$ Bq en 1973 à $1{,}1.10^{14}$ Bq en 2007 à Bruyères-le-Châtel, et de $3{,}9.10^{16}$ Bq en 1974 à $1{,}8.10^{14}$ Bq en 2007 à Valduc. Avant 1995, ces activités ont été jusqu'à vingt fois plus élevées que les activités dont le rejet est autorisé par les arrêtés du 3 mai 1995 (tableau 7 en annexe du présent chapitre). Les activités cumulées rejetées au cours de cette période sont de *$1{,}2.10^{17}$ Bq* et *$2.2.10^{17}$ Bq* respectivement ($3{,}3.10^{14}$ $Bq.an^{-1}$ et $6{,}1.10^{14}$ $Bq.an^{-1}$ en moyenne). À noter l'absence de dispositifs de mesure du tritium sur les cheminées du site de Valduc avant 1975 (SEIVA, 2008b).

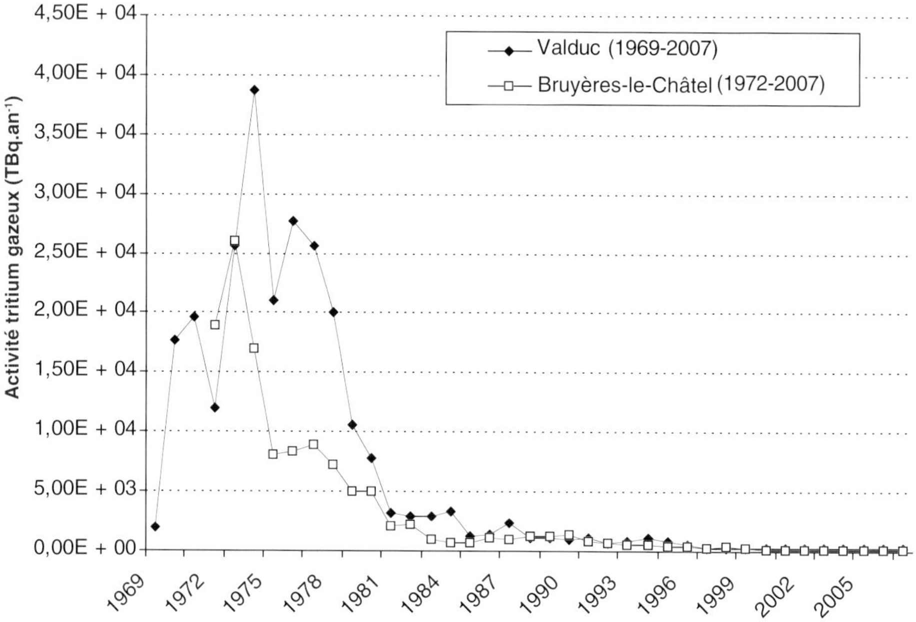

Figure 2. Activités annuelles rejetées en tritium gazeux entre 1969 et 2007 par les centres de Bruyères-le-Châtel et de Valduc (*d'après* CEA, 2010 ; SEIVA, 2008c).

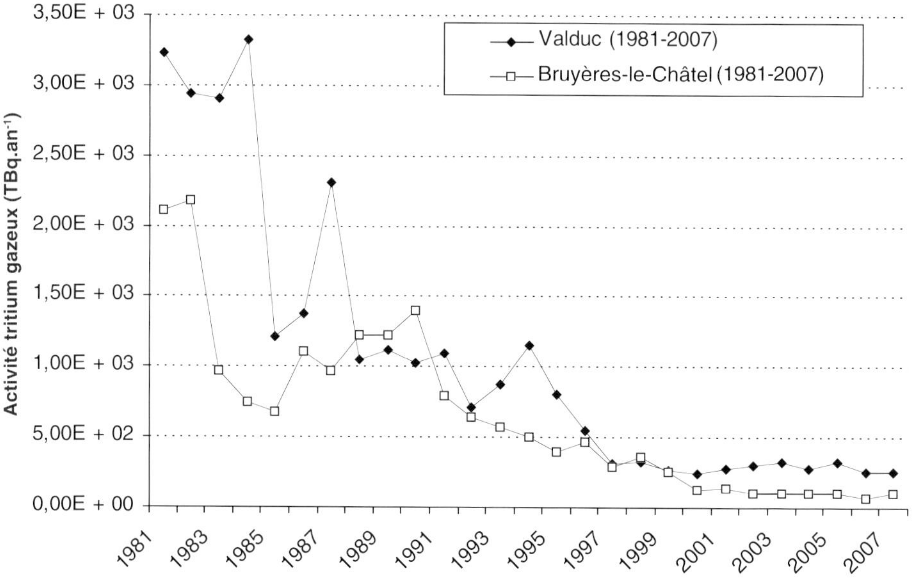

Figure 3. Activités annuelles rejetées en tritium gazeux entre 1981 et 2007 par les centres de Bruyères-le-Châtel et de Valduc (*d'après* CEA, 2010 ; SEIVA, 2008c).

À Bruyères-le-Châtel, ces rejets proviennent essentiellement des bâtiments en cours de démantèlement et des colis de déchets conditionnés sur le centre, plus marginalement de la recherche en radiotoxicologie. À signaler le brûlage à l'air libre de déchets tritiés à Valduc de 1968 à 1975 (HCEA, 1998).

Quant aux rejets d'eau tritiée, ils étaient de l'ordre de 10^{11} $Bq.an^{-1}$ à Bruyères-le-Châtel dans les années 1970 (HCEA, 1998), supérieurs d'un ordre de grandeur aux rejets actuellement autorisés (tableau 7 en annexe du chapitre), et de l'ordre de 10^{9} $Bq.an^{-1}$ depuis les années 1980. Ils proviennent aujourd'hui des laboratoires « froids » et des laboratoires chauds. À Valduc, des valeurs de $1{,}0.10^{11}$ à $1{,}0.10^{10}$ Bq sont signalés entre 1975 et 1995 ($1{,}0.10^{12}$ en 1975). Ces rejets ne sont plus autorisés aux termes de l'arrêté du 3 mai 1995. Les effluents provenant des zones nucléaires ou y ayant transité sont depuis 1996 soumis à évaporation. À noter que les boues de stations d'épuration biologique, dont l'activité est de l'ordre de quelques $Bq.g^{-1}$ (déchets TFA), épandues avant 1987 sur les pelouses et les décharges inertes, entreposées en décharge de classe 1 (Pontailler-sur-Saône) en 1987, sont depuis stockées sur site dans une structure spécifique étanche.

Qu'il s'agisse des installations de Marcoule, de Bruyères-le-Chatel ou de Valduc, les activités rejetées au cours des vingt à trente dernières années ont été réduites d'un facteur 20 à 30. Cette évolution est due à l'arrêt de certaines activités ainsi qu'à l'optimisation de processus industriels et de la gestion des effluents (Delmont, 2007). Les activités rejetées par ces sites sont stables depuis le début des années 2000.

Tableau 1. Activités en tritium rejetées dans l'environnement par les installations nucléaires de base secrètes (INBS) relevant du Commissariat à l'énergie atomique.

Activité rejetée* / Type d'installation	Tritium gazeux (HT)	Eau tritiée (HTO)	Activité rejetée HT + HTO
Marcoule (INBS *(Retraitement) G1-G3* (1955-1997) *Réacteurs Célestin* *ATM* (1967, 1968)	*(1968-2007)* $\simeq 8,6.10^{16}$ Bq $2,2.10^{15}$ Bq.an^{-1} *(2001-2007)* $\simeq 2,0.10^{15}$ Bq $3,3.10^{14}$ Bq.an^{-1}	*(1968-2007)* $\simeq 8,4.10^{15}$ Bq $2,1.10^{14}$ Bq.an^{-1} *(2001-2007)* $1,5.10^{14}$ Bq $2,5.10^{13}$ Bq.an^{-1}	*(1968-2007)* **$\simeq 9,4.10^{16}$ Bq** **$2,4.10^{15}$ Bq.an^{-1}** *(2001-2007)* $\simeq 2,1.10^{15}$ Bq **$3,5.10^{14}$ Bq.an^{-1}**
Marcoule (INB) *Atalante* (1992 à 2003) *Phénix* (1973-Arrêt prévu 2009) *Melox* (1995) (opérateur industriel AREVA) *Centraco* (1999) (opérateur industriel EDF/AREVA)			
Bruyères-le-Chatel (1958)	(1972-2007) $1,2.10^{17}$ Bq $3,3.10^{15}$ Bq.an^{-1}	(années 70) $\simeq 10^{11}$ Bq.an^{-1}	*(1972-2007)* **$3,4.10^{17}$ Bq** **$9,4.10^{15}$ Bq.an^{-1}**
Valduc (1957)	*(1972-2007)* $2,2.10^{17}$ Bq $6,2.10^{15}$ Bq.an^{-1}	(1975-1995) 10^{10} Bq.an^{-1} à 10^{13} Bq.an^{-1}	*(2001-2007)* $2,4.10^{15}$ Bq **$4,0.10^{14}$ Bq.an^{-1}**
Cadarache PN (1959) (opérateur industriel AREVA-TA)	nd	*(1999)* $4,8.10^{6}$ Bq	**nd**
Laser mégajoule (LMJ) **CESTA** (Gironde) (mise en service prévue 2009)	$\simeq 10^{12}$ Bq.an^{-1}	/	$\simeq 10^{12}$ Bq.an^{-1} (prévision)

* Activités cumulées et activités annuelles moyennes (en Bq et Bq.an^{-1}).

2.1.2.3. La mise au point de réacteurs pour navires à propulsion nucléaire

L'INBS de *Cadarache* « propulsion nucléaire », créée en 1959 et exploitée par AREVA-TA, est dédiée à la mise au point des réacteurs embarqués.

Pour ce qui est des rejets liquides, ils sont en grande partie rejetés avec les rejets de l'ensemble du site de Cadarache[7]. D'après Amill (2000), la contribution propre de l'INBS aurait été de $4.8.10^{6}$ Bq en 1999. En tout état de cause, les autorisations de rejets gazeux sont inférieures de près de cinq ordres de grandeur à celles des autres centres ci-dessus, et les autorisations de rejets dans le milieu aquatique inférieures d'un ordre de grandeur à celles de Bruyères-le-Châtel (tableau 7 en annexe de ce chapitre).

2.1.2.4. La simulation

Le *Laser Mégajoule (LMJ)* du *CESTA* (Gironde) (mise en service prévue en 2009), a pour missions d'une part de vérifier la qualité et la sécurité des armes en service, et d'autre part de renouveler les charges de la dissuasion sans essai nucléaire d'énergie significative. Les « tirs » sont réalisés en laboratoire en bombardant une cible de deutérium-tritium à l'aide d'un faisceau laser suffisamment puissant (1,5 à 2 mégajoules)[8] pour développer une réaction en chaîne. Il s'agit de simuler une explosion en concentrant une quantité d'énergie considérable sur une très petite quantité de matière fissile. Il rejettera environ $10^{12}\ Bq.an^{-1}$ de tritium dans l'environnement (Guétat *et al.*, 2008).

2.2. Le tritium issu des activités civiles

2.2.1. Les centres nucléaires de production d'électricité

Une autre source est le développement de l'énergie nucléaire civile. La France comporte 58 réacteurs nucléaires, exploités par EDF, qui assurent 80 % de ses besoins en électricité[9]. Ces réacteurs sont de type à eau sous pression (REP ou PWR), leur puissance électrique de 900 MWe, 1 300 MWe ou 1 450 MWe. Plusieurs réacteurs de conception différente ont également été exploitées par EDF et sont actuellement en phase de démantèlement. Les données relatives aux activités tritium rejetées par ces installations sont rassemblées dans le tableau 2.

---

7. *Cf.* tableau 4 et autorisations de rejets liquides au tableau 7 en annexe du présent chapitre.
8. À comparer avec l'énergie délivrée par le plus gros laser du CEA à Cadarache (Phébus, 20 kilojoules).
9. Dans ce chapitre, les termes « opérateur industriel » et « exploitant » seront employés indifféremment.

2.2.1.1. Les réacteurs nucléaires en exploitation

Ils sont refroidis à l'eau sous pression. Le tritium est essentiellement produit par activation de noyaux légers présents dans le circuit de refroidissement primaire du réacteur : bore (neutrophage), lithium (conditionnement alcalin de l'eau de refroidissement), hydrogène de l'eau de refroidissement (modérateur de neutrons), ainsi que de noyaux d'hélium produits (et/ou utilisés) notamment dans les crayons sources secondaires des réacteurs de 1 300 et 1 450 MWe. Il est également formé dans les crayons combustibles par fission ternaire de certains isotopes de l'uranium et du plutonium (faible production : $\simeq$ 8,7+ 0,8.10^{-5} atomes/fission, 80 % de la production de tritium d'un réacteur, 0,01 % de ses rejets en tritium).

Sur la période 1983-2006, les sites ont rejeté globalement *1,7.10^{16} Bq* de tritium dans le milieu aquatique (fluvial, marin). Ils ont rejeté 3,5.10^{14} Bq de tritium dans l'atmosphère sur la période 1996-2006. Les informations relatives aux activités rejetées dans l'atmosphère avant 1996 ne sont pas disponibles, mais étant donnés le ratio rejets tritium gazeux/eau tritiée après 1996 et l'activité en eau tritiée rejetée avant 1996, on peut supposer que l'activité en tritium gazeux rejetée sur l'ensemble de la période 1983-2006 est de l'ordre de *7,0.10^{14} Bq*. Sur la période 1983-2006, l'activité totale rejetée en tritium aurait donc été de *1,8.10^{16} Bq*, soit en moyenne 7,5.10^{14} Bq.an^{-1} (d'après EDF 1993-2006).

Par ailleurs, si les activités annuelles rejetées en tritium gazeux ont été relativement constantes au cours de la période 1996-2006 ($\simeq$ 3,2.10^{13} Bq.an^{-1}, + 30 % cependant en 2004-2005), les activités rejetées sous forme d'eau tritiée par les 900 et les 1 300 MWe témoignent quant à elles d'une double tendance : baisse entre 1990 et 1999 (– 26 % en 1994 par rapport à 1989, – 18 % en moyenne annuelle), et augmentation constante à partir de l'année 2000 (+ 28 % en 2006 par rapport à 2000, + 24 % en moyenne annuelle) (figure 4).

La première tendance traduit une diminution des rejets par les réacteurs de 900 MWe (– 28 % en moyenne annuelle sur l'ensemble des sites, – 33 % en moyenne annuelle par réacteur). L'activité annuelle moyenne rejetée par les 900 MWe est de 1,1.10^{13} Bq par réacteur sur la période 1990-2006. La deuxième tendance est due essentiellement aux réacteurs de 1 300 MWe : 2,6.10^{13} Bq.an^{-1} par réacteur sur la période 2000-2006 (soit + 42 % par rapport à la période 1990-1999), 2,9.10^{13} Bq.an^{-1} par réacteur en 2006 (soit + 60 % par rapport à 1999) (figure 5).

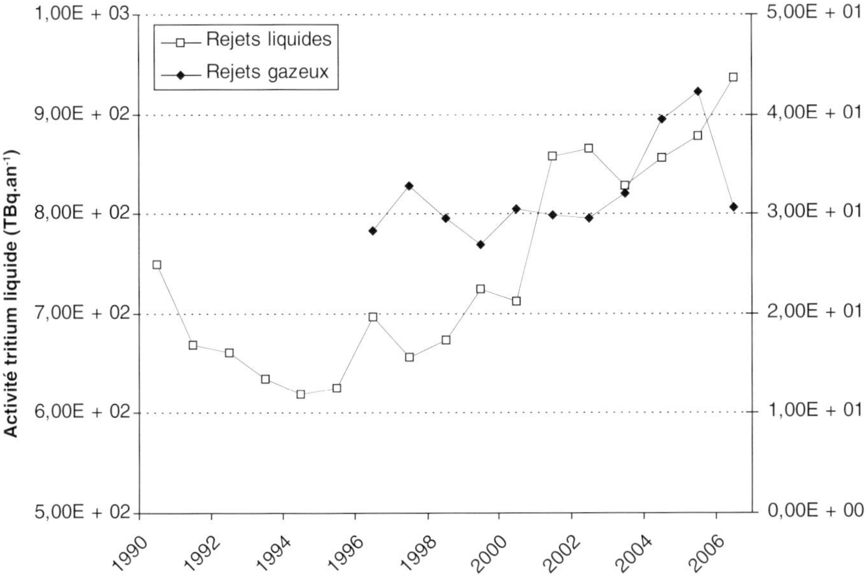

Figure 4. Activités annuelles rejetées en tritium gazeux et liquide par les parc des 900 Mwe et des 1300 MWe français (1990-2006).

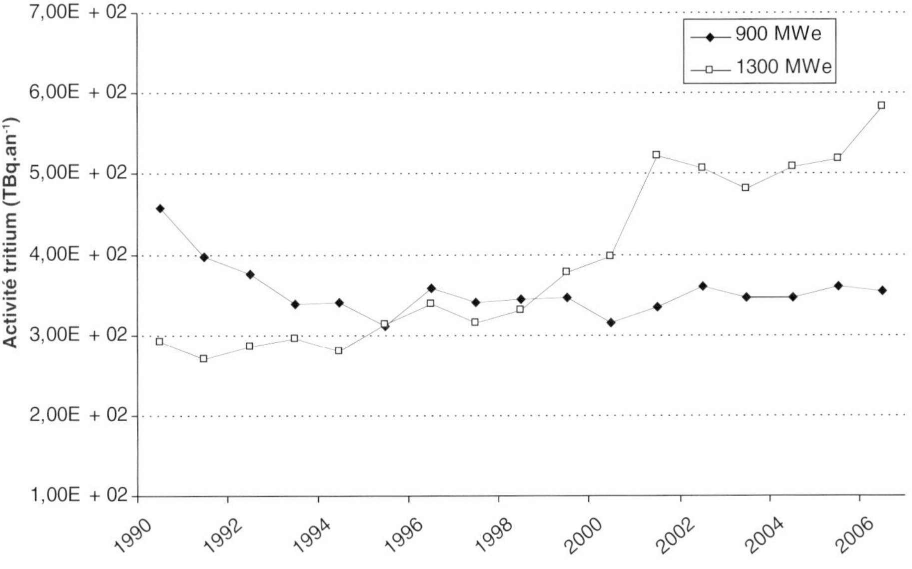

Figure 5. Activités annuelles rejetées en tritium liquide par les 900 MWe et les 1 300 MWe français (1990-2006).

L'augmentation des rejets tritiés sous forme HTO provient en grande partie de l'évolution des modes de gestion du combustible (de l'augmentation du taux d'enrichissement du combustible : 3,5 % > combustible « Gemmes » (4 %) > combustible « Galice » (4,5 %) > combustible dit à « haut taux de combustion » (HTC2) (4,95 %)). En effet, cette augmentation conduit (a) à augmenter la concentration initiale en acide borique dans le circuit primaire (jusqu'à + 50 %), (b) à ajuster la teneur en lithium au début de certains cycles (jusqu'à 3,5 $mg.kg^{-1}$ au lieu de 2,2 $mg.kg^{-1}$ en mode Gemmes), et donc à augmenter le taux d'activation des noyaux légers du circuit primaire, malgré l'utilisation de combustibles au gadolinium (neutrophage). Elle provient aussi de la mise en œuvre par certains sites d'une stratégie de rejet accéléré des effluents stockés, dans la perspective des nouveaux modes de gestion du combustible (CNPE de Golfech par exemple).

Outre la réduction à la source actuellement mise en œuvre sur les REP (utilisation de combustibles au gadolinium, gainage en alliage de zirconium, utilisation de lithium enrichi en Li7), l'activité rejetée en tritium pourrait être réduite par détritiation des effluents ; cela nécessiterait de combiner plusieurs techniques (distillation, électrolyse, cryogénie), afin d'augmenter le facteur de séparation. L'exploitant considère que pour des effluents « faiblement tritiés » tels que ceux issus des centrales nucléaires (de l'ordre de quelques $GBq.m^{-3}$ en moyenne dans le réservoir KER où sont stockés les effluents liquides avant rejet dans le milieu aquatique), il serait économiquement et techniquement irréaliste de mettre en œuvre de tels systèmes de traitement. Quant au stockage du tritium liquide pour décroissance radioactive, il est également considéré comme peu réaliste (capacités de stockage requises trop importantes compte tenu de la période radioactive du tritium) (EDF, 2005).

Les rejets de tritium gazeux quant à eux ne témoignent pas du changement de mode de gestion du combustible. Néanmoins, des essais réalisés sur le site de Cattenom ont fait apparaître en 2001 que les activités mesurées à partir des barboteurs en place sur le système de mesure en continu des activités rejetées à la cheminée de la chaîne de mesures KRT étaient sous-estimées en moyenne de 60 % (maximum 100 %) par rapport à celles mesurées à partir du prélèvement intégré sur un préleveur réfrigéré. Les activités qui ont été rejetées en tritium gazeux par le parc nucléaire français sont donc susceptibles d'avoir été sous-évaluées de manière significative. Cette question pointe l'importance que revêt la métrologie environnementale[10].

Enfin, par-delà l'évolution des limites annuelles de rejet en lien avec l'évolution du mode de gestion du combustible (+ 25 % pour le site de Golfech par

10. *Cf.* chapitre 1.

exemple), la question se pose de la cohérence entre les autorisations de rejet des différents sites. En effet, à puissance égale et à taux d'enrichissement identique, les autorisations de rejets annuels délivrées depuis 2004 pour les rejets gazeux des 1300 MWe sont supérieures d'un facteur 1,6 à celles qui avaient été délivrées entre 2000 et 2004. La sous-estimation de la mesure du tritium gazeux évoquée ci-dessus peut expliquer cette augmentation. Par ailleurs, ces autorisations sont supérieures d'un facteur 1,2 pour les 1300 MWe à ce qu'elles sont pour les 900 MWe. Enfin, les autorisations de rejets liquides peuvent varier d'un facteur 1,2 et 1,4 pour les combustibles de type Gemmes et haut taux de combustion respectivement. En tout état de cause, l'introduction de combustible HTC s'accompagne d'une augmentation des autorisations annuelles de rejets liquides de 25 % à 76 % par rapport aux réacteurs ayant une autre gestion du combustible (tableaux 5a et 5b en annexe du chapitre).

2.2.1.2. Les réacteurs en cours de démantèlement

Le *réacteur de Chooz-A* (type REP, 300 MWe) a rejeté *9,5.10*^{14} *Bq* d'eau tritiée dans le milieu aquatique entre 1983 et 2000 (essentiellement sur la période 1983-1992, 5,3.10^{13} Bq.an^{-1}).

Cette valeur est supérieure d'un ordre de grandeur à celle qui est rejetée par un REP de 900 MWe, pour une puissance produite trois fois moindre. Une des raisons en est l'utilisation de gaines de combustible en acier inoxydable, particulièrement perméable au tritium (*cf.* ci-dessus).

Les *réacteurs de type graphite-gaz* (UNGG) sont des réacteurs refroidis au gaz carbonique sous pression, avec du graphique comme modérateur de neutrons. Le tritium est essentiellement produit par fission ternaire dans les crayons combustibles ainsi que par activation du graphite (impuretés).

Entre 1983 et 2000, les réacteurs A1-A3 de *Chinon*, A1 et A2 de *Saint-Laurent-des-Eaux* et *Bugey 1* ont rejeté respectivement *1,1.10*^{13} *Bq* (1,4.10^{12} Bq.an^{-1}), *2,4.10*^{13}*Bq* (8,0.10^{12} Bq.an^{-1}) et 5,0.*10*^{13} *Bq* (2,8.10^{12} Bq.an^{-1}) d'eau tritiée, soit une activité totale cumulée de *8,5.10*^{13}*Bq* (4,7.10^{12} Bq.an^{-1}) (d'après EDF 1993-2006) (tableau 2).

Des valeurs plus élevées sont mentionnées par Fitoussi (1978) pour les années 1970 : 6,5.10^{12} Bq.an^{-1} à Chinon-A en 1975-1976, 2,0.10^{13} Bq.an^{-1} en 1974-1976 à Saint-Laurent-des-Eaux-A, 1,6.10^{13} Bq.an^{-1} à Bugey-1 en 1974-1976 (non mesuré auparavant)[11].

11. Activités rejetées en tritium gazeux non disponibles.

Tableau 2. Activités en tritium rejetées dans l'environnement par les centres nucléaires de production d'électricité (CNPE) (d'après EDF, 1993-2006).

Type d'installation \ Activité rejetée*		Tritium gazeux (HT)	Eau tritiée (HTO)		Activité rejetée HT+HTO
REP	**300 MWe (Chooz A)** (1967-1991)	nd	*(1983- 2000)* $9,5.10^{14}$ Bq $5,3.10^{13}$ Bq.an^{-1}	/	**nd**
	900 MWe (1977- ...)	*(1983- 2006)* $\simeq 7,0.10^{14}$ Bq ?	*(1983- 2006)* $1,7.10^{16}$ Bq $7,1.10^{14}$ Bq.an^{-1}	*(2001-2006)* $2,1.10^{15}$ Bq $3,5.10^{14}$ Bq.an^{-1}	*(1983-2006)* **$1,8.10^{16}$ Bq** **$7,5.10^{14}$ Bq.an^{-1}**
	1 300 MWe (1984- ...)	*(2001-2006)* $2,0.10^{14}$ Bq $3,4.10^{13}$ Bq.an^{-1}		*(2001-2006)* $3,1.10^{15}$ Bq $5,2.10^{14}$ Bq.an^{-1}	*(2001-2006)* $5,8.10^{15}$ Bq **$9,7.10^{14}$ Bq.an^{-1}**
	1 450 MWe (1996- ...)			*(2001-2006)* $4,2.10^{14}$ Bq $7,0.10^{13}$ Bq.an^{-1}	
UNGG **	**Chinon A1-A3** (70, 200 et 400 MWe) (1963-1990)	nd	*(1983-2000)* $8,5.10^{13}$ Bq $4,7.10^{12}$ Bq.an^{-1}	*(1983-1990)* $1,1.10^{13}$ Bq $1,4.10^{12}$ Bq.an^{-1}	**nd**
	Saint-Laurent-des-Eaux* A1-A2** (500 MWe) (1969-1992)	nd		*(1983-1985)* $2,4.10^{13}$ Bq $8,0.10^{12}$ Bq.an^{-1}	
	Bugey 1 (500 MWe) (1972-1994)	nd		*(1983-2000)* $5,0.10^{13}$ Bq $2,8.10^{12}$ Bq.an^{-1}	

* Activités cumulées et activités annuelles moyennes (en Bq et Bq.an^{-1}).
** Pour Marcoule G1-G3 (1956-1984) : voir tableau 1.
*** Rejets comptabilisés avec ceux de Saint-Laurent-des-Eaux – B après 1985.

Dans le *réacteur à eau lourde* de *Brennilis* (70 MWe, 1967-1985), refroidi au gaz carbonique sous pression, avec de l'eau lourde (deutérium) comme modérateur de neutrons, l'activation neutronique du deutérium constitue le mode de production majoritaire de tritium.

Ce réacteur a fonctionné sans autorisation de rejets. Les règles générales d'exploitation limitaient cependant les rejets de tritium gazeu*x* à $1,2.10^{13}$ Bq.an^{-1} (IRSN, 2008). Les premières mesures de rejet datent de 1971-1972. Environ *$9,2.10^{14}$ Bq* et *$2,3.10^{13}$ Bq* de tritium ont été rejetés dans l'atmosphère et le milieu aquatique respectivement entre 1973 et 1987 ($6{,}1.10^{13}$ Bq et $1{,}5.10^{12}$ Bq en moyenne annuelle). Ces activités ont ensuite diminué d'un à deux ordres de grandeur jusqu'en 2001 pour les rejets gazeux et de deux à trois ordres de grandeur jusqu'en 1992 pour les rejets liquides (rejets dirigés ensuite vers le CEA-Saclay) (d'après Descamps, 2003). Par ailleurs, le démantèlement de ce site a démarré en 1988. La gestion des déchets a témoigné de lacunes significatives (sous-évaluation d'un facteur 30 à 200 de l'activité de certains déchets tritiés) (ASN, 2007a).

Le *surgénérateur* de *Creys-Malville* enfin (1240 MWe, 1986-1998, à l'arrêt entre 1990 et 1994) est un réacteur à neutrons rapides refroidi au sodium liquide. Ce réacteur a fonctionné de manière très épisodique (environ une année cumulée sur l'ensemble de la période 1986-1998). En 1990-1997, sa contribution aux rejets d'eau tritiée a été inférieure de deux ordres de grandeur environ à celle d'un REP de 900 MWe (*$7{,}1.10^{11}$ Bq* soit $8{,}9.10^{10}$ Bq.an^{-1}).

Les déchets tritiés (déchets solides) produits par les centrales nucléaires de production d'électricité ont essentiellement deux origines : le combustible nucléaire et le démantèlement. Leur gestion est elle-même à l'origine, directement ou indirectement, de rejets liquides et gazeux dans l'environnement.

2.2.2. Le centre de retraitement des combustibles irradiés de La Hague

Les rejets de tritium par les centres de retraitement proviennent essentiellement du traitement des crayons combustibles usés : cisaillage des gaines et surtout dissolution du combustible.

Le centre de La Hague, exploité par AREVA-NC (COGEMA) depuis 1966, a pour mission de traiter les combustibles nucléaires usés issus des centres nucléaires de production d'électricité afin d'en extraire l'uranium et le plutonium, considérés comme valorisables (surgénération, combustible MOX, fabrication de l'arme nucléaire). Il doit également conditionner sous forme stable les déchets issus du retraitement (radionucléides produits dans le combustible et non valorisables, gaines de combustible, déchets de procédés). Une partie importante (30 à 50 %) du tritium présent sous forme HTO dans l'eau des solutions est relâchée sous forme liquide ou de vapeur d'eau. Si l'on compare les rejets liquides de tritium cumulés depuis le milieu des années 1990 par les sites de Sellafield en Grande-Bretagne et de La Hague, le site de La Hague a rejeté pendant cette période quatre fois plus de tritium en Manche que le site de Sellafield en mer d'Irlande. Par contre les rejets gazeux de Sellafield sont quatre à cinq fois plus

12. *Cf.* chapitre 4.

élevés que ceux de La Hague[13,14]. On note une augmentation constante des rejets par le site de La Hague, notamment depuis 1994 (figures 6 et 7). Ce sont au total *2,5.10*^{15} *Bq* et *2.10*^{17} *Bq* de tritium *gazeux* et *liquide* qui ont été rejetés par le site de La Hague entre 1966 et 2007. Ces chiffres sont de *1,5.10*^{16} *Bq* et *6,8.10*^{16} *Bq* pour le site de Sellafield (tableau 3). Ils ont été de *2,5.10*^{13} *Bq* et *2,5.10*^{15} *Bq* pour l'usine de retraitement de Tokai (TRP) au Japon sur la période 1977-2001 (Shinnohara, 2004).

Des procédés de séparation du tritium du combustible (voloxydation, pyrométallurgie) sont à l'étude par les industriels. Des méthodes de récupération du tritium contenu dans les effluents liquides, au demeurant non dénués d'inconvénients (risque pour la sûreté, risque de relargage de tritium gazeux...), sont disponibles (distillation, séparation par résine, girdler sulphide[15], électrolyse). Pour différentes raisons techniques et/ou financières (flux à traiter, consommation énergétique, concentration en tritium du flux à traiter…), elles ne sont pas mises en œuvre. La séparation isotopique sur catalyseur au platine serait une voie d'avenir.

Tableau 3. Activités en tritium rejetées dans l'environnement par les centres de retraitement des combustibles irradiés de La Hague et Sellafield.

Activité rejetée* / Type d'installation	Tritium gazeux (HT)	Eau tritiée (HTO)	Activité rejetée HT + HTO
La Hague (1966-...) (exploitant AREVA-NC)	*(1966-2007)* 2,5.10^{15} Bq 6.10^{13} Bq.an^{-1}	*(1966-2007)* 2.10^{17} Bq 4,7.10^{15} Bq.an^{-1}	*(1966-2007)* **2.10^{17} Bq** **4,7.10^{15} Bq.an^{-1}**
	(2001-2007) 4,8.10^{14} Bq 6,8.10^{13} Bq.an^{-1}	*(2001-2007)* 8.4.10^{16} Bq 1,2.10^{16} Bq.an^{-1}	*(2001-2007)* 8,4.10^{16} Bq **1,2.10^{16} Bq.an^{-1}**
Sellafield (1951-...) (exploitant BNFL)	*(1966-2007)* 1,5.10^{16} Bq 3,6.10^{14} Bq.an^{-1}	*(1966-2007)* 6,8.10^{16} Bq 1,6.10^{15} Bq.an^{-1}	*(1966-2007)* **8,3.10^{16} Bq** **2.10^{15} Bq.an^{-1}**

* Activités cumulées et activités annuelles moyennes (en Bq et Bq.an^{-1}).

13. À noter que les activités en tritium gazeux rejetées par le centre de Sellafield sont supérieures d'un à deux ordres de grandeur avant 1964 à ce qu'elles sont par la suite.

14. Pour les activités de retraitement, voir également l'INBS de Marcoule, tableau 1.

15. Procédé de récupération du tritium basé sur les échanges entre l'ammonium et l'hydrogène déjà développé à l'échelle industrielle pour récupérer du tritium dans les réacteurs à eau lourde (réacteurs canadiens Candu notamment).

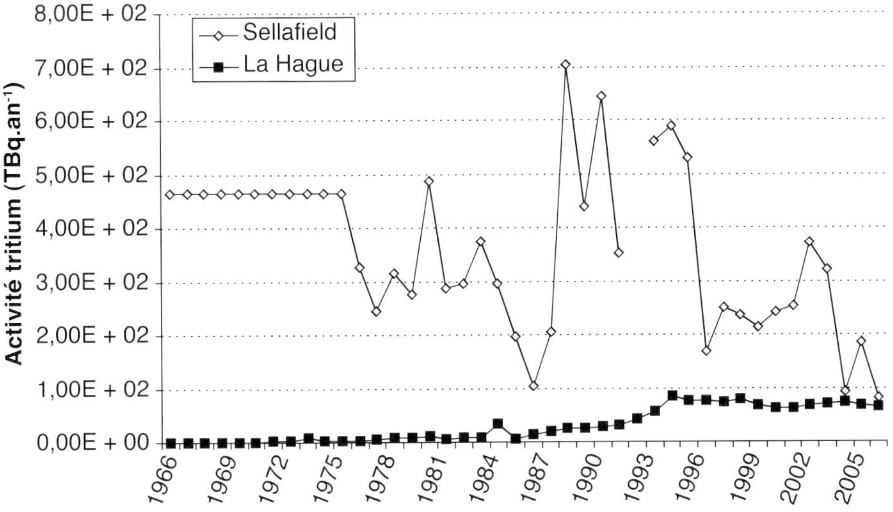

Figure 6. Activités en tritium gazeux rejetées par les centres de retraitement des combustibles irradiés de La Hague et de Sellafield entre 1996 et 2007 (*sources AREVA-BNFL* in GRNC, 2009).

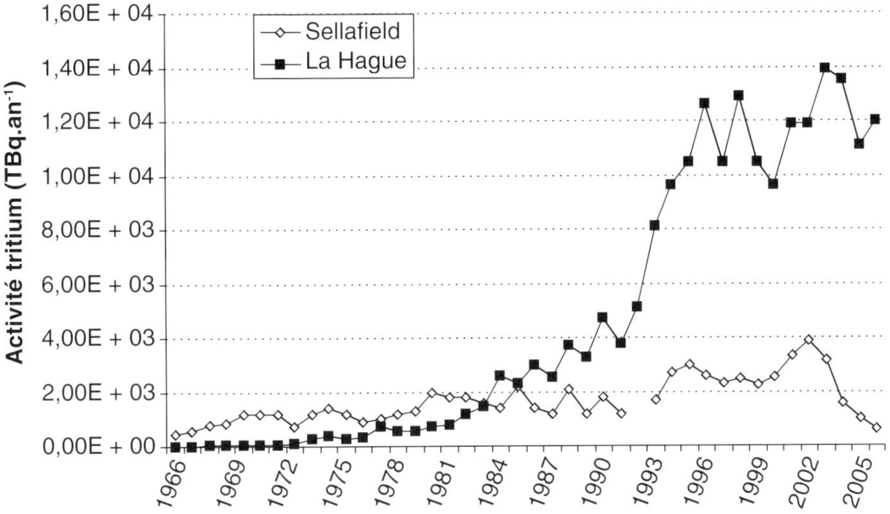

Figure 7. Activités en tritium liquide rejetées par les centres de retraitement des combustibles irradiés de La Hague et de Sellafield entre 1966 et 2007 (*Sources AREVA-BNFL* in GRNC, 2009).

2.2.3. Les activités liées à la production et à la fabrication de combustible à usage civil, ainsi qu'au retraitement des déchets

Le *site du Tricastin* (hors CNPE), qui fonctionne depuis 1960, comporte plusieurs INB à l'origine de rejets directs de tritium dans le milieu : la COMURHEX et TU 5 (fabrication de combustible)[16], et la SOCATRI (maintenance et démantèlement des matériels, traitement des effluents et conditionnement des déchets).

Outre les activités militaires décrites plus haut, le *centre de Marcoule* comporte quatre INB (première mise en service en 1973). Les activités de deux d'entre elles sont consacrées à la fabrication de combustible MOX (MELOX) et au traitement des déchets (CENTRACO). PHENIX et ATALANTE sont quant à elles dédiées à la recherche (réacteur à neutrons rapides et recherche sur la transmutation dans le cadre des réacteurs du futur, et retraitement des déchets à vie longue respectivement). Pour les activités rejetées depuis 1982, on se reportera au tableau 1.

2.2.4. Les autres réacteurs expérimentaux

Le *centre d'études nucléaires de Cadarache* est dédié à la recherche sur la sécurité des réacteurs, les combustibles et les technologies nucléaires associées. Il comporte dix-neuf INB dont sept, mises en service pour la plupart dans les années 60, sont concernées par les rejets en tritium et sont dotées d'une autorisation de rejets spécifique. Leurs activités concernent la résistance des crayons combustibles aux accidents de refroidissement et de réactivité (CABRI, SCARABEE), la physique du cœur (caractéristiques neutroniques du cœur, spectres à neutrons rapides, transmutation) (MASURCA), l'examen, le traitement, l'assainissement et le reconditionnement des combustibles actifs (LECA, STAR), le traitement des effluents et déchets solides (STEDS) et l'entreposage des déchets radioactifs (parc d'entreposage, CEDRA). Entre 1979 et 2007, le centre a rejeté $1,5.10^{14}$ *Bq* de tritium gazeux ($5,3.10^{12}$ Bq.an^{-1} en moyenne) et $7,1.10^{12}$ *Bq* d'eau tritiée ($2,5.10^{11}$ Bq.an^{-1} en moyenne), soit une activité globale de $1,6.10^{14}$ *Bq* ($5,6.10^{12}$ Bq en moyenne annuelle) (d'après CEA, 1979-2006 ; 2009a) (figure 8). On note une tendance à la diminution des rejets liquides entre le milieu des années 1980 et 1990, tendance qui s'inverse ensuite jusqu'en 1999. On observe une tendance similaire concernant les rejets gazeux. À noter également au cours du temps des modifications dans la technique de mesure des activités rejetées (CEA, 2002). La technique utilisée avant 1987 pour mesurer les activités rejetées en tritium gazeux a vraisemblablement conduit à une sous-estimation des activités rejetées (non prise en compte des

16. Georges Besse II n'a pas encore reçu l'autorisation d'exploitation.

activités inférieures à la limite de détection, à l'époque de l'ordre de 10^5 Bq.m^{-3} d'air, c'est-à-dire supérieure de près de quatre ordres de grandeur à ce qu'elle est aujourd'hui). Des activités annuelles de l'ordre de 10^{13} Bq étaient néanmoins mesurées entre 1979 et 1982. Par ailleurs, un suivi des rejets atmosphériques des INB non autorisées à rejeter du tritium réalisé en 2008 a fait apparaître qu'elles contribuaient pour moitié aux activités rejetées par le site (CEA, 2009a).

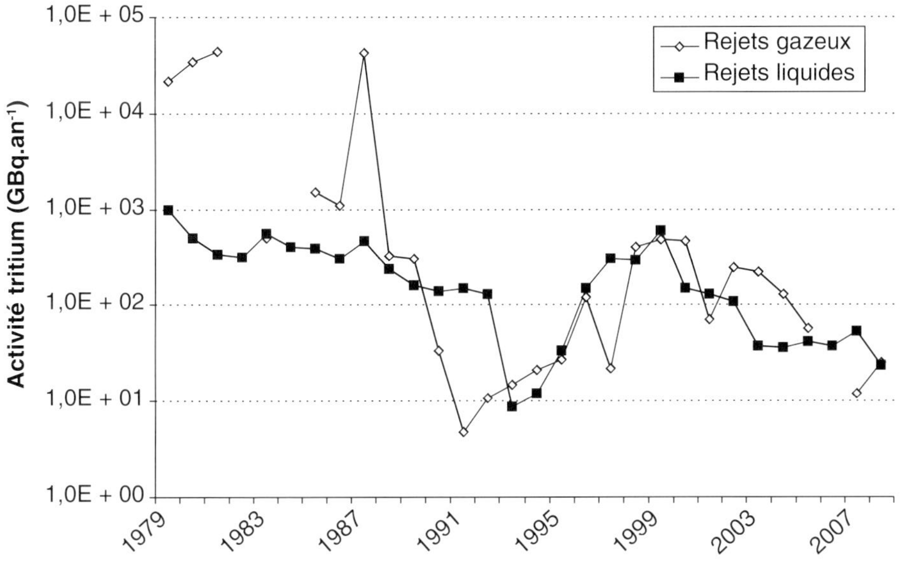

Figure 8. Activités annuelles rejetées en tritium gazeux et liquide par le centre d'études nucléaires de Cadarache entre 1979 et 2006 (échelle logarithmique) (*d'après* CEA, 1979-2006, 2009a).

Le *centre d'études nucléaires de Grenoble* comporte six INB dont trois réacteurs expérimentaux (MELUSINE, SILOE, SILOETTE), un laboratoire d'analyse des matériaux actifs (LAMA) et une installation de traitement des déchets (STED), en cours d'assainissement ou de démantèlement. Entre 2003 et 2008, ces activités ont été à l'origine du rejet de *1,4.10^{12} Bq* de tritium gazeux et *1,8.10^{11} Bq* de tritium liquide (2,3.10^{11} Bq et 3,0.10^{10} Bq en moyenne annuelle respectivement), soit une activité cumulée de *1,6.10^{12} Bq* (2,6.10^{11} Bq en moyenne annuelle) (d'après CEA, 2008, 2009b).

Il convient de mentionner également le *réacteur de recherche à eau lourde Laue-Langevin de Grenoble*, qui produit du tritium notamment par activation de l'eau lourde.

Les données des activités rejetées en tritium par ces réacteurs sont rassemblées dans le tableau 4.

Tableau 4. Activités en tritium rejetées dans l'environnement par les activités de recherche en matière de technologie nucléaire et de biologie médicale.

Activité rejetée* / Type d'installation		Tritium gazeux (HT)	Eau tritiée (HTO)	Activité rejetée HT + HTO
CEA Cadarache (INB)	**CABRI/ SCARABEE** (1963) **MASURCA** (1966) **LECA/STAR** (1968/1995) **Parc entreposage** (1968) **CEDRA** (2006)	*(1979-2007)* $1,5.10^{14}$ Bq $5,3.10^{12}$ Bq.an^{-1} *(2001-2007)* $8,0.10^{11}$ Bq $1,1.10^{10}$ Bq.an^{-1}	*(1979-2007)* $7,1.10^{12}$ Bq $2,5.10^{11}$ Bq.an^{-1} *(2001-2007)* $4,5.10^{11}$ Bq $6,4.10^{10}$ Bq.an^{-1}	*(1979-2007)* **$1,6.10^{14}$ Bq** **$5,6.10^{12}$ Bq.an^{-1}** *(2001-2007)* $1,3.10^{12}$ Bq **$1,8.10^{11}$ Bq.an^{-1}**
CEA Grenoble (INB)	**MELUSINE** (1958) **SILOE** (1963) **SILOETTE** (1964) **LAMA** (1968) **STED** (1964)	*(2003-2008)* $1,4.10^{12}$ Bq $2,3.10^{11}$ Bq.an^{-1}	*(2003-2008)* $1,8.10^{11}$ Bq $3,0.10^{10}$ Bq.an^{-1}	*(2003-2008)* $1,6.10^{12}$ Bq **$2,6.10^{11}$ Bq.an^{-1}**
CEA Saclay (INB, ICPE)	**(ORPHEE)** (1980) **Biologie médicale**	*(1966-2007)* $1,3.10^{16}$ Bq $3,1.10^{14}$ Bq.an^{-1} *(2001-2007)* $1,8.10^{14}$ Bq $2,6.10^{13}$ Bq.an^{-1}	*(1966-2007)* $9,4.10^{13}$ Bq $2,2.10^{12}$ Bq.an^{-1} *(2001-2007)* $4,4.10^{11}$ Bq $6,3.10^{10}$ Bq.an^{-1}	*(1966-2007* **$1,3.10^{16}$ Bq** **$3,1.10^{14}$ Bq.an^{-1}** *(2001-2007)* $1,8.10^{14}$ Bq **$2,6.10^{13}$ Bq.an^{-1}**
France Grande-Bretagne Canada	**Biologie médicale Objets luminescents**	nd	nd	*(2000-2006)* $\simeq 10^{15}$ Bq.an^{-1}

* Activités cumulées et activités annuelles moyennes (en Bq et Bq.an^{-1}).

2.2.5. Les utilisations industrielles et médicales du tritium

Il existe de nombreuses applications, à la fois industrielles et médicales, qui sont autant de sources potentielles de dissémination de tritium et d'exposition au rayonnement bêta émis par ce radioélément. On peut citer :

– la fabrication et l'utilisation de peintures luminescentes (tritium introduit en France en remplacement du radium dans le cadre du décret 66450 art.15, et explicitement interdit en 2002 (décret 2002-460 art. 1)) ;
– la fabrication et l'utilisation de molécules marquées pour les études de métabolisme de certaines substances, en biologie ou en pharmacie (centres CEA de Saclay, de Fontenay-aux-Roses...) ;
– l'utilisation du tritium comme traceur de l'eau de la géosphère et de la biosphère ou comme traceur dans les tests d'étanchéité des cavités de stockage souterrain.

Ainsi, le *centre d'études nucléaires de Saclay* (créé en 1945) a rejeté *1,3.10^{16} Bq* de tritium entre 1966 et 2007 (3,1.10^{14} Bq en moyenne annuelle) : *1,3.10^{16} Bq* dans l'atmosphère et *9,4.10^{13} Bq* dans le milieu aquatique[17] (d'après Bourlat 2008 ; CEA, 2009c). Depuis 1968, on observe une décroissance régulière des activités rejetées dans le milieu aquatique de près de trois ordres de grandeur (de l'ordre de quelque 10^{13} Bq.an^{-1} à plusieurs 10^{10} Bq.an^{-1}). Les activités rejetées dans l'atmosphère ont été relativement constantes entre 1969 et le début des années 1990 (de l'ordre de quelque 10^{14} Bq par an) et depuis cette période (de l'ordre de quelque 10^{13} Bq par an). À noter des valeurs de l'ordre de 10^{15} Bq par an en 1966-1967 (figure 9). Ces rejets proviennent essentiellement aujourd'hui de la recherche en biologie médicale (ICPE) ainsi que, pour les rejets liquides, du réacteur de recherche fondamentale ORPHEE (INB). Les premières autorisations de rejets datent de 1978.

Pour l'ensemble de quelques grands sites producteurs et/ou utilisateurs de molécules marquées à usage médical ou industriel en France et à l'étranger (Amersham en Grande-Bretagne, Canada), les rejets en tritium pourraient être de l'ordre de 10^{15} Bq.an^{-1} entre 2000 et 2006. Ils peuvent être à l'origine d'un marquage important du milieu aquatique[18].

Les données relatives aux activités tritium rejetées par les utilisations industrielles et médicales sont rassemblées dans le tableau 4.

17. Entre 1968 et 2007.
18. *Cf.* chapitre 4.

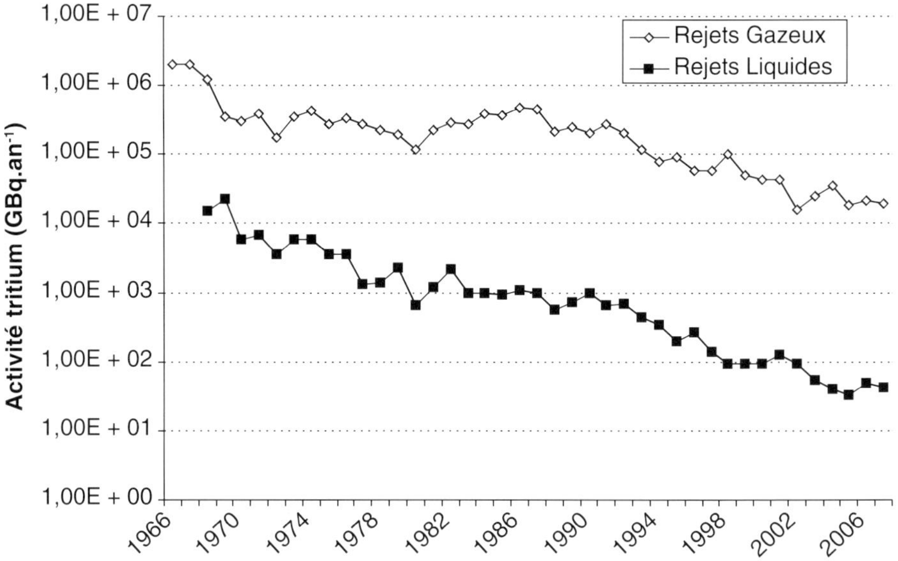

Figure 9. Activités annuelles rejetées en tritium gazeux et liquide par le centre d'études nucléaires de Saclay entre 1966 et 2006 (échelle logarithmique) (*d'après* Bourlat, 2008).

2.2.6. Les sites de stockage des déchets nucléaires

De nombreux sites comportent des installations d'entreposage de déchets (hangars, tranchées, silos…). Ces entreposages sont en principe non pérennes. Ils sont souvent considérés comme des INB et soumis à des autorisations de rejets (*supra* et tableaux 5 à 7 en annexe du présent chapitre). La question se pose d'une gestion pérenne de ces déchets (*cf.* chapitre 3).

La question des déchets de haute activité à vie longue est à ce jour non réglée. Pour ce qui est des déchets à vie courte et faible ou moyenne activité (type A), ils sont dirigés depuis 1992 vers le Centre de stockage des déchets à vie courte et faible et moyenne activité de l'Aube, à l'origine de rejets tritiés. Ainsi, entre 1993 et 2008, *$2,4.10^{11}$ Bq* de tritium ont été rejetés dans l'atmosphère (soit $1,5.10^{10}$ Bq en moyenne annuelle). Ces rejets sont relativement constants (quelque 10^9 Bq par an), en dehors de deux rejets de quelque 10^{10} Bq en 1993 et 2003 et d'un rejet de l'ordre de 10^{11} Bq en 1995 (supérieur d'un facteur 2,5 aux limites autorisées depuis 2006, date des premières autorisations de rejets) (d'après ANDRA, 2009). Ce type de déchets ainsi que des déchets de démantèlement ont été stockés entre 1969 et 1994 sur le site de la Manche (CSM). Ce stockage est à l'origine de rejets liquides et gazeux dans l'environnement. Ainsi, l'activité rejetée dans les ruisseaux environnants par le site sous forme d'eau tritiée était estimée en 1983 à environ $3{,}7.10^{12}$ $Bq.an^{-1}$ (ANDRA, 1983). L'activité stockée dans les deux structures les plus impliquées dans la contamination de l'environnement du site était estimée en 1992 à $3{,}0.10^{16}$ Bq (plus de 3.10^{5} Ci).

Il convient en outre d'insister sur l'absence de sites de stockage dédiés pour les déchets les plus radioactifs générés par le démantèlement des centrales nucléaires (Brennilis, Saint-Laurent-des-Eaux[19]...).

3. Les perspectives en matière de production d'électricité

3.1. Les perspectives à court et moyen termes : les réacteurs de type EPR

Plusieurs réacteurs du type EPR (*European Pressurized Reactors*) sont en cours de construction (Flamanville) ou en projet (Penly...) sur le territoire français. D'une puissance de 1 600 MWe, ils sont du même type que les réacteurs REP actuellement en exploitation et rejetteront donc les mêmes radioéléments. Leur rendement étant comparable (36 %) ils rejetteront, à taux d'enrichissement du combustible identique, plus de tritium que ces derniers.

3.2. Les perspectives à moyen et long termes : le projet ITER

ITER (*International Thermonuclear Experimental Reactor* ou réacteur expérimental thermonucléaire international) est un prototype de réacteur nucléaire à fusion, actuellement en construction à Cadarache. Ce prototype est destiné à vérifier la « faisabilité scientifique et technique de la fusion nucléaire comme nouvelle source d'énergie ». Il est uniquement dédié à la recherche et ne produira pas d'énergie.

3.2.1. Les caractéristiques de la fusion

La réaction de fusion utilisée est l'interaction du tritium avec du deutérium, qui donne de l'hélium 4 et un neutron (D + T > He 4 + n). Le tritium n'existe pas dans la nature en quantité suffisante car sa demi-vie est de 12,35 années.

19. Confère à cet égard l'Avis émis en 2005 par le Comité Scientifique de l'ANCLI concernant le stockage des chemises de graphite irradié sur le site de Saint-Laurent-des-Eaux.

Pour pouvoir entretenir la formation de tritium, le neutron de la réaction de fusion est dirigé vers une couche de lithium composée de lithium 6 qui entoure le réacteur[20]. Le but étant que le maximum de neutrons participent à la réaction nucléaire « neutron + lithium 6 > tritium + hélium 4 », le neutron traverse d'abord une couche fine de béryllium. L'ensemble béryllium-lithium est appelé couverture tritigène.

3.2.2. *La production de rejets et de déchets tritiés*

Il y a production de rejets et de déchets solides. Guétat *et al.* (2008) envisagent une autorisation de rejets de l'ordre de 10^{15} $Bq.an^{-1}$. Deux sortes de déchets solides seront par ailleurs produits dans ITER : les déchets purement tritiés, liés au cycle du combustible, et les déchets tritiés produits par activation des matériaux. Ils seront présents à la fois lors de l'exploitation et lors du démantèlement d'ITER. Les déchets sont présentés de manière détaillée au chapitre 3.

4. Conclusion

Les développements qui précèdent appellent un certain nombre de commentaires.

Il convient tout d'abord de rappeler que les données présentées ne concernent pas tous les rejets en tritium qui ont été effectués dans l'environnement au cours du temps par les installations nucléaires françaises. En effet, les données les plus anciennes relatives aux INB et aux INBS ne sont souvent pas disponibles. De plus, toutes les installations de type INBS n'ont pas fait l'objet de la présente étude.

Il est néanmoins possibles d'en tirer un certain nombre de conclusions.

On observe tout d'abord que les rejets en tritium d'origine militaire (installations nucléaires de base relevant du ministère de l'Industrie) ont montré au cours des années 1980-1990 une tendance régulière à la décroissance, pour se stabiliser depuis la fin des années 1990. Cette évolution est due à l'arrêt de certaines activités ainsi qu'à l'optimisation de processus industriels et de la gestion des effluents. À l'inverse, les rejets en tritium des centres nucléaires de production d'électricité, notamment dans le milieu aquatique, témoignent depuis le début des années 1990 d'une augmentation régulière. Cette augmentation est essentiellement le fait des réacteurs de 1 300 MWe et est liée à l'utilisation dans le combustible d'uranium

20. Le lithium naturel ne contenant que 7,5 % de lithium 6, un processus d'enrichissement isotopique doit être mis en œuvre pour réaliser cette couche de lithium 6.

HTC enrichi à 4,95 %. Comme l'indique déjà l'évolution des autorisations de rejets, les réacteurs de 900 MWe vont également contribuer à terme à cette augmentation. Il va en être de même pour les réacteurs de type EPR. De même, les rejets liquides du centre de retraitement des combustibles irradiés de La Hague témoignent d'une augmentation constante (d'environ un ordre de grandeur par décade). Quant aux rejets effectués par les centres de recherche civile du CEA, leur évolution varie selon les sites. En tout état de cause, ils sont aujourd'hui inférieurs de près de deux et trois ordres de grandeur aux rejets de l'ensemble des CNPE et du centre de La Hague respectivement (figure 10). À l'exception du projet ITER, les programmes à venir de ces centres ne sont pas connus.

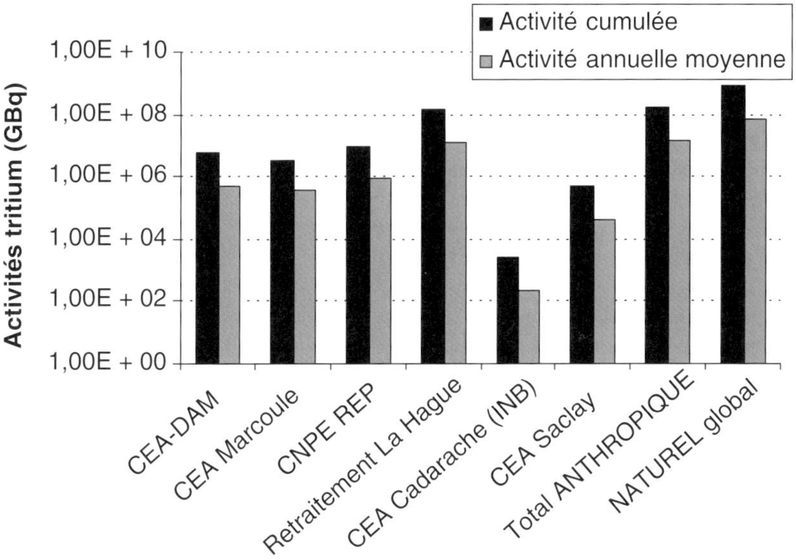

Figure 10. Activités en tritium introduites dans l'environnement en France entre 1993 et 2007 (en valeurs logarithmiques).

Ces tendances se traduisent dans l'évolution du rapport entre la production annuelle de tritium d'origine naturelle et les rejets annuels français d'origine anthropique (figure 11). En effet, ce rapport est minimum sur la période 1966-2007 (r = 4,0) et maximum sur la période 1982-2007 (r = 6,4). Il tend ensuite à diminuer à nouveau et de manière constante : r = 5,7 et 5,2 sur les périodes 1992-2007 et 2001-2007 respectivement. En tout état de cause, si l'activité totale rejetée en tritium par l'industrie nucléaire mondiale (réacteurs et usines de retraitement) était en 1989 de $1,4.10^{16}$ becquerels, c'est-à-dire du même ordre de grandeur que la production mondiale de tritium d'origine naturelle ($7{,}2.10^{16}$ $Bq.an^{-1}$) (Belot, 1996a), cela est aujourd'hui vrai des seuls rejets anthropogéniques français (figure 12).

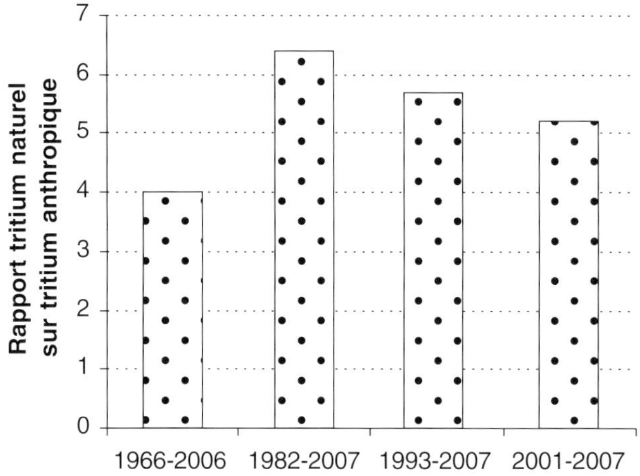

Figure 11. Rapport tritium d'origine naturelle (global) sur tritium d'origine anthropique (français) introduits dans l'environnement au cours de différentes périodes.

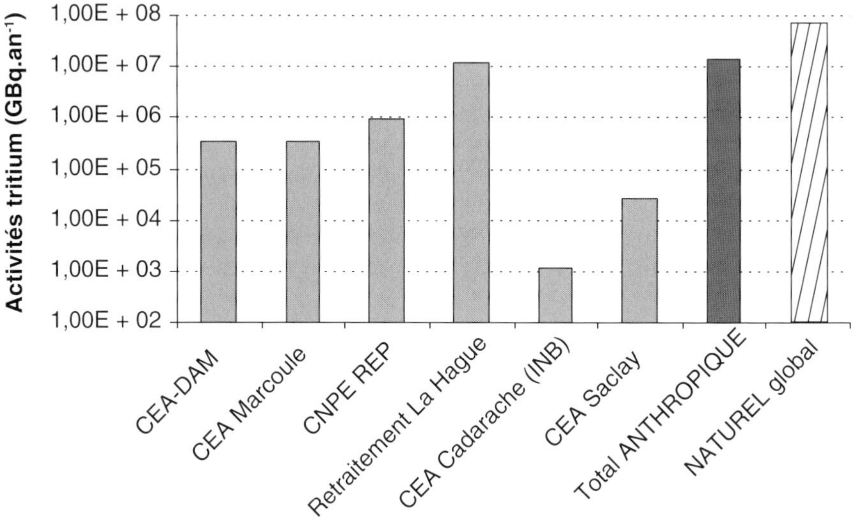

Figure 12. Activités annuelles moyennes en tritium introduites dans l'environnement en France entre 2001 et 2006 (en valeurs logarithmiques).

Enfin, il ressort des données présentées précédemment que les activités nucléaires militaires[21] et civiles françaises auraient contribué à disséminer dans l'environnement depuis la fin des années 1960 une activité en tritium de l'ordre de 10^{18} becquerels (figure 13).

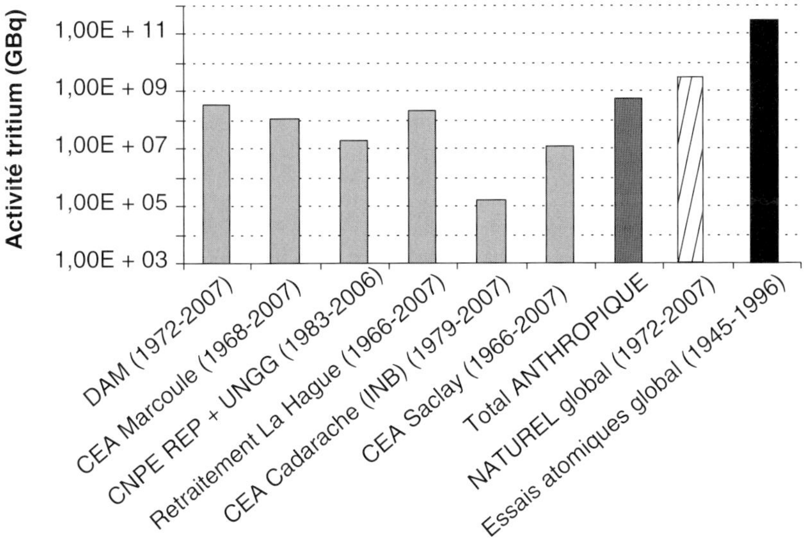

Figure 13. Activités cumulées en tritium introduites dans l'environnement en France entre 1966 et 2007 (en valeurs logarithmiques).

Naturellement, les voies de transfert du tritium et par conséquent son impact environnemental et sanitaire sera différent selon qu'il se présente sous forme d'eau tritiée ou de tritium gazeux. Ces questions feront l'objet des prochains chapitres.

21. Hors activités relevant du ministère de la Défense.

Annexes du chapitre 2

Tableau 5a. Autorisations annuelles de rejets en tritium pour les centres nucléaires de production d'électricité français de type REP en exploitation (900 MWe) (exploitant EDF).

Sites	Mise en service / Autorisation de rejets	Date couplage au réseau	Date autorisation de rejets gazeux et liquides*	Autorisation annuelle de rejets en tritium	
				gazeux	liquides
900 MWe	**Blayais** (Gironde) 4 × 900 MWe	1981, 1982, 1983	18 sept. 2003	$8{,}0.10^{12}$ Bq	$8{,}0.10^{13}$ Bq
	Bugey (Ain) 4 × 900 MWe	1978, 1979	07 août 1978 **	$2{,}59.10^{15}$ Bq (1)	$1{,}85.10^{14}$ Bq
	Chinon (Indre-et-Loire) 4 × 900 MWe Atelier des matériaux irradiés	1982, 1983, 1986, 1987 1964	20 mai 2003 modifié 17 août 2005	$8{,}0.10^{12}$ Bq	$8{,}0.10^{13}$ Bq
	Cruas (Ardèche) 4 × 900 MWe	1983, 1984	07 nov. 2003	$8{,}0.10^{12}$ Bq	$8{,}0.10^{13}$ Bq
	Dampierre-en-Burly (Loiret) 4 × 900 MWe	1980, 1981	27 juin 1979 ***	$2{,}2.10^{15}$ Bq (1)	$1{,}11.10^{14}$ Bq
	Fessenheim (Haut-Rhin) 2 × 900 MWe	1977	17 nov. 1977 **	$1{,}48.10^{15}$ Bq (1)	$7{,}4.10^{13}$ Bq
	Gravelines (Nord) 6 × 900 MWe	1980, 1981, 1984, 1985	07 nov. 2003	$1{,}2.10^{13}$ Bq	$1{,}2.10^{14}$ Bq
	Saint-Laurent-des-Eaux (Loire-et-Cher) 2 × 900 MWe Silos entreposage chemises graphite irradiées	1981	02 fév. 1999 modifié 21 fév. 2006	$4{,}0.10^{12}$ Bq	$4{,}5.10^{13}$ Bq
	Tricastin (Drôme) 4 × 900 MWe Base Chaude Opérationnelle	1980, 1981	08 juil. 2008	$8{,}0.10^{12}$ Bq	$2{,}25.10^{13}$ * N1 + $4{,}0.10^{13}$ * N2 (2)

* Arrêtés les plus récents.
** Devrait déposer une demande de renouvellement des autorisations de rejet.
*** Demande de renouvellement des autorisations de rejet en cours d'instruction.

(1) Limite globale pour les gaz. Pas de valeur spécifique pour le tritium.
(2) N1 = nombre de réacteurs avec une gestion du combustible autre que haut taux de combustion (HTC). En particulier, nombre de réacteurs avec une gestion MOX-NT ou parité MOX.
N2 = nombre de réacteurs avec une gestion du type HTC.

Tableau 5b. Autorisations annuelles de rejets en tritium pour les centres nucléaires de production d'électricité français de type REP en exploitation (900 MWe) (exploitant EDF).

Sites	Mise en service / Autorisation de rejets	Date couplage au réseau	Date autorisation de rejets gazeux et liquides*	Autorisation annuelle de rejets en tritium	
				gazeux	liquides
1 300 MWe	**Belleville-sur-Loire** (Cher) 2 × 1300 MWe	1987, 1988	08 nov. 2000	$5{,}0.10^{12}$ Bq	$6{,}0.10^{13}$ Bq
	Cattenom (Moselle) 4 × 1300 MWe	1986, 1987, 1990, 1991	23 juin 2004	$1{,}0.10^{13}$ Bq	$3{,}5.10^{13}$ * N1 + $4{,}8.10^{13}$ * N2 (3)
	Flamanville (Manche) 2 × 1300 MWe	1985, 1986	11 mai 2000 ***	$5{,}0.10^{12}$ Bq	$6{,}0.10^{13}$ Bq
	Golfech (Tarn-et-Garonne) 2 × 1300 MWe	1990, 1993	18 sept. 2006	$8{,}0.10^{12}$ Bq	$4{,}0.10^{13}$ * N1 + $5{,}0.10^{13}$ * N2 (4)
	Nogent-sur-Seine (Aube) 2 × 1300 MWe	1987, 1988	29 déc. 2004	$8{,}0.10^{12}$ Bq	$4{,}0.10^{13}$ * N1 + $5{,}0.10^{13}$ * N2 (3)
	Paluel (Seine-Maritime) 4 × 1300 MWe	1984, 1985, 1986	11 mai 2000	$1{,}0.10^{13}$ Bq	$1{,}2.10^{14}$ Bq
	Penly (Seine-Maritime) 2 × 1300 MWe	1990, 1992	15 fév. 2008	$8{,}0.10^{12}$ Bq	$4{,}0.10^{13}$ * N1 + $5{,}0.10^{13}$ * N2 (5)
	Saint-Alban (Isère) 2 × 1300 MWe	1985, 1986	29 déc. 2000	$5{,}0.10^{12}$ Bq	$6{,}0.10^{13}$ Bq
1 450 MWe	**Chooz-B** (Ardennes) 2 × 1450 MWe	1996, 1997	03 juin 1996 ***	$3{,}3.10^{14}$ Bq (1)	$8{,}0.10^{13}$ Bq
	Civaux (Vienne) 2 × 1450 MWe	1997, 1999	08 sept. 1997 ***	$3{,}3.10^{14}$ Bq (1)	$8{,}0.10^{13}$ Bq

* Arrêtés les plus récents.
** Devrait déposer une demande de renouvellement des autorisations de rejet.
*** Demande de renouvellement des autorisations de rejet en cours d'instruction.

(1) Limite globale pour les gaz. Pas de valeur spécifique pour le tritium.
(2) N1 = nombre de réacteurs avec une gestion du combustible autre que haut taux de combustion (HTC). En particulier, nombre de réacteurs avec une gestion MOX-NT ou parité MOX.
N2 = nombre de réacteurs avec une gestion du type HTC.
(3) N1 = nombre de réacteurs rechargés avec un combustible enrichi à moins de 4,3 %.
N2 = nombre de réacteurs rechargés avec un combustible enrichi à plus de 4,3 %.
Pour Cattenom, valeur annuelle limitée par la valeur moyenne sur 3 ans de $3{,}5.10^{13}$ * N1 + $4{,}0.10^{13}$ * N2 .
(4) N1 = nombre de réacteurs rechargés avec un combustible enrichi à 4,3 %.
N2 = nombre de réacteurs rechargés avec un combustible enrichi à plus de 4,3 %.
(5) N1 = nombre de réacteurs avec une gestion du combustible autre que haut taux de combustion (HTC). En particulier, nombre de réacteurs avec une gestion Gemmes.
N2 = nombre de réacteurs avec une gestion du type HTC.

Tableau 6. Autorisations annuelles de rejets en tritium pour les centres nucléaires de production d'électricité français en cours de démantèlement (exploitant EDF).

Sites	Mise en service / Autorisation de rejets	Date couplage au réseau	Date mise à l'arrêt	Date autorisation de rejets gazeux et liquides*	Autorisation annuelle de rejets en tritium : gazeux	Autorisation annuelle de rejets en tritium : liquides
REP	**Chooz-A** (Ardennes) 300 MWe	1967	1991	28 nov. 1979 modifié 03 juin 1996 28 nov. 2000**	$5{,}0.10^{11}$ Bq	$5{,}0.10^{12}$ Bq
UNGG	**Chinon A1-A3** (Indre-et-Loire) 70 MWe, 200 MWe, 400 MWe	1963 1965 1966	1973 1985 1990	Voir autorisations de rejet des réacteurs PWR		
	Saint-Laurent-des-Eaux A1-A2 (Loir-et-Cher) 500 MWe	1963 1966	1990 1992			
	Bugey 1 (Ain) 500 MWe	1972	1994			
Eau lourde	**Brennilis** (Finistère) 70 MWe	1967	1985	***	demandé : $1{,}0.10^{12}$ Bq (étape 1) $5{,}0.10^{12}$ Bq (étape 2)	/
Neutrons rapides	**Surgénérateur Creys-Maleville** (Isère) 1 250 MWe	1986	1998	3 août 2003	$1{,}0.10^{14}$ Bq (10 premières années) $2{,}0.10^{12}$ Bq (au-delà de 10 ans)	$1{,}5.10^{13}$ Bq (10 premières années) $1{,}0.\ 10^{12}$ Bq (entre 10 et 18 ans) $5{,}9.\ 10^{9}$ Bq (au-delà de 18 ans)

* Arrêtés les plus récents.
** Demande de renouvellement des autorisations de rejet en cours d'instruction.
*** Demande d'autorisation de rejet en cours d'instruction.

Tableau 7. Autorisations annuelles de rejet en tritium pour les principaux sites nucléaires français (hors centres nucléaires de production d'électricité).

Sites	Mise en service Autorisation de rejets		Date mise en service	Date autorisation de rejets gazeux et liquides*	Autorisation annuelle de rejets	
					gazeux	liquides
CEA	**Bruyères-le-Chatel** (Essonne) (INBS, exploitant CEA)		1958	03 mai 1995	$1{,}85.10^{15}$ Bq	$7{,}5.10^{10}$ Bq
	Valduc (Côte d'Or) (INBS, exploitant CEA)		1957 arrivée tritium 1963	03 mai 1995	$1{,}85.10^{15}$ Bq	Non autorisés
	Marcoule (Gard) (INBS, exploitant CEA)	**UNGG G1-G3** **Retraitement**	1956, 1959, 1960 1955 (démantèlement 1998)	18 janv. 2008 (provisoire)	$1{,}0.10^{16}$ Bq	$2{,}5.10^{15}$ Bq
		Réacteurs CELESTIN	1967, 1968			
		ATM	1967			
	Marcoule (Gard) (INB)	**PHÉNIX** (exploitant CEA)	1973 (arrêt prévu 2009)	16 mai 1981	$4{,}0.10^{14}$ Bq (1)	(3)
		ATALANTE (exploitant CEA)	1992-2003	24 juil. 1992	$3{,}7.10^{11}$ Bq	(3)
		MELOX (exploitant AREVA)	1995	13 juil. 1994	$2{,}0.10^{9}$ Bq (2)	$3{,}3.10^{9}$ Bq (2) (3)
		CENTRACO (exploitant EDF/AREVA)	1999	07 mai 1998	$2{,}0.10^{12}$ Bq	$1{,}0.10^{13}$ Bq
	Pierrelatte (INB, exploitant AREVA)		1964	16 avril 2008	$1{,}8.10^{12}$ Bq	$7{,}3.10^{12}$ Bq
	Tricastin/Pierrelatte (INB)	**COMURHEX** (exploitant)	1978 (premier classement INB)	05 fév. 2008	$5{,}0.10^{11}$ Bq	$9{,}0.10^{12}$ Bq (4)
		TU5 (exploitant AREVA)	1996	05 fév. 2008	$6{,}0.10^{11}$ Bq	$1{,}1.10^{13}$ Bq (4)
		SOCATRI (exploitant)	1974	16 août 2005 05 fév. 2008	$1{,}0.10^{10}$ Bq	(5)
	Cadarache (Bouches-du-Rhône) (INBS, exploitant AREVA)	Propulsion nucléaire	1959	05 avril 2006	$4{,}5.10^{10}$ Bq	$5{,}3.10^{9}$ Bq ($7{,}7.10^{11}$ Bq transférés vers la STE)

Sites	Mise en service Autorisation de rejets	Date mise en service		Date autorisation de rejets gazeux et liquides*	Autorisation annuelle de rejets	
					gazeux	liquides
CEA	**Cadarache** (Bouches-du-Rhône) (INB, exploitant CEA)	**CABRI/ SCARABEE**	1963	05 avril 2006	$2,0.10^{11}$ Bq	$1,0.10^{12}$ Bq
		MASURCA	1966		$3,7.10^{11}$ Bq	
		LECA	1968		$4,0.10^{12}$ Bq	
		STAR	1995		$3,0.10^{12}$ Bq	
		STEDS	1964		$3,0.10^{9}$ Bq	
		Parc entreposage	1968		$5,1.10^{9}$ Bq	
		CEDRA	2006		$1,0.10^{13}$ Bq	
	Grenoble (Isère) (INB, exploitant CEA), (assainissement, démantèlement)	**MELUSINE**	1958	25 mai 2004	$1,0.10^{11}$ Bq	$2,0.10^{9}$ Bq
		SILOE	1963		$2,5.10^{11}$ Bq	$1,0.10^{10}$ Bq
		SILOETTE	1964		$4,0.10^{10}$ Bq	$5,0.10^{8}$ Bq
		LAMA	1968		$5,0.10^{11}$ Bq	$5,0.10^{9}$ Bq
		STED	1964		$3,0.10^{6}$ (6)	$8,0.10^{10}$ Bq
	Fontenay-aux-Roses (Hauts-de-Seine) (INB, exploitant CEA)	**ZOE** **MINERVE**	1948 1959 (démantèlement)	30 mars 1988	(7)	$2,0.10^{11}$ Bq
	Saclay (Essonne) (INB/ICPE, exploitants CEA/ CISBIO-international)	**ORPHEE** **Biologie médicale**	1980	21 nov. 1978 **	$5,55.10^{14}$ Bq demandé : $1,5.10^{14}$ Bq	$7,4.10^{12}$ Bq demandé : $3,5.10^{11}$ Bq
Institut Laue-Langevin	**Grenoble** (Isère) (INB)	**Réacteur à Haut Flux**	1967	03 août 2007	$7,5.10^{13}$ Bq	$1,0.10^{12}$ Bq
AREVA	**La Hague** (Manche) (INB)	**Centre de retraitement**	1966	10 janv. 2003 modifié 08 janv. 2007	$1,5.10^{14}$ Bq	$1,85.10^{16}$ Bq
ANDRA	**Soulaines** (Aube) (INB)	**Centre de stockage de l'Aube**	1992	21 août 2006 (fermeture prévue 2022)	$5,0.10^{10}$ Bq	$5,0.10^{9}$ Bq

* Arrêtés les plus récents.
** Demande de renouvellement des autorisations de rejet en cours d'instruction.

(1) Limite globale pour les gaz. Pas de limite spécifique pour le tritium.
(2) Limite globale pour l'ensemble des radioéléments. Pas de limite spécifique pour le tritium.
(3) Rejets directs non autorisés (effluents envoyés à la station de traitement des effluents liquides de l'INBS).
(4) Rejets directs non autorisés (effluents envoyés à la station de traitement des effluents chimiques de l'INBS).
(5) Pas de limite d'activité globale, pour les β_T ou pour le tritium.
(6) Limite globale β_T ou γ_T. Pas de limite spécifique pour le tritium.
(7) Pas de limite spécifique pour le tritium.

Chapitre 3

La gestion des déchets tritiés

Françoise Hubert et Monique Sené

« Une substance radioactive est une substance qui contient des radionucléides, naturels ou artificiels, dont l'activité ou la concentration justifie un contrôle de radioprotection. Les déchets radioactifs sont des substances radioactives pour lesquelles aucune utilisation ultérieure n'est prévue ou envisagée » (loi de programme 2006).

L'élaboration d'un plan de gestion des déchets radioactifs, ou Plan national de gestion des matières et déchets radioactifs (PNGMDR), a été confiée en France à l'Autorité de sûreté nucléaire (ASN). Le Plan national de gestion des matières et déchets radioactifs a missions de dresser le bilan des modes de gestion des matières et des déchets radioactifs existants, de recenser les besoins prévisibles en matière d'installations d'entreposage ou de stockage, et de préciser les capacités nécessaires ainsi que les durées d'entreposage de ces installations. Il organise également la mise en œuvre de recherches et études relatives à la gestion des matières et déchets radioactifs. Son élaboration a débuté dès 2003. Il a fait l'objet d'un débat public entre septembre 2005 et janvier 2006. Une première édition est parue en mai 2007, en application de la loi de programme du 28 juin 2006 relative à la gestion durable des matières et déchets radioactifs. Il est renouvelable tous les trois ans. La prochaine édition du PNGMDR est donc attendue pour début 2010.

L'Agence nationale pour la gestion des déchets radioactifs (ANDRA), est quant à elle chargée de la gestion à long terme des déchets radioactifs produits en France. L'agence est placée sous la tutelle des ministères chargés de l'énergie, de la recherche et de l'environnement. Elle établit un inventaire national des matières et des déchets radioactifs, dont la troisième édition présente l'état des stocks de matières et déchets radioactifs au 31 décembre 2007 ainsi qu'une évaluation prospective de ceux-ci en 2020 et 2030 (ANDRA, 2009). Cet inventaire constitue une donnée d'entrée pour le PNGMDR.

La gestion des déchets tritiés constitue l'un des objets du Plan national de gestion des matières et déchets radioactifs.

1. Provenance et stockage des déchets tritiés

Les déchets tritiés contiennent le plus souvent d'autres radioéléments. Un déchet sera considéré comme « tritié » quand le tritium y sera sur le court terme l'élément dominant.

Plusieurs installations nucléaires, militaires ou civiles, ont produit ou produiront des déchets tritiés. Ces déchets se présentent sous les trois formes solide, liquide et gazeuse.

Le tritium est caractérisé par sa très grande mobilité, et sa grande propension à traverser les matériaux dans lesquels il est conditionné. Même dans des conteneurs conçus pour être les plus étanches possibles, le stockage en surface d'une grande quantité de déchets tritiés aurait pour conséquence un marquage de l'environnement. Les possibilités d'acceptation dans les centres de stockage de déchets de l'ANDRA sont limitées. De plus, il n'est pas possible actuellement d'y accueillir les déchets dont la concentration en tritium et/ou le taux de dégazage sont élevés. Ces déchets sont dits déchets tritiés sans filière.

1.1. Les déchets tritiés anciens

Les déchets tritiés anciens sont classés suivant leur origine. Ceux dont la concentration en tritium est élevée sont en grande majorité issus d'activités liées à la défense nationale. Du tritium est également mis en œuvre dans des activités de recherche, dans les secteurs pharmaceutique, médical ou industriel et la défense nationale, mais les déchets ainsi produits présentent souvent une faible activité tritium.

Les déchets tritiés anciens sont regroupés comme suit :

a) Les déchets provenant de l'exploitation et du démantèlement des installations liées aux applications militaires du Commissariat à l'énergie atomique – Direction des applications militaires (CEA-DAM). Ils représentent la plus grande partie des déchets anciens (environ 98 %). Ils ne sont pas actuellement pris en charge par l'ANDRA. Ils sont entreposés dans des centres du CEA, essentiellement dans les centres de Valduc et de Marcoule.

b) Les déchets provenant des activités de recherche, des secteurs pharmaceutique, médical et industriel et de la défense nationale (nucléaire « diffus ») : l'ANDRA n'est pas en mesure d'accepter ce type de déchets tritiés. Ils sont provisoirement entreposés chez les « petits producteurs » eux-mêmes.

c) Les déchets provenant de l'exploitation et du démantèlement des réacteurs EDF et du site de retraitement AREVA : ces déchets sont pris en charge par l'ANDRA et leur exutoire est le centre de stockage de l'Aube (CSA), où ils sont stockés après traitement dans les usines SOCATRI (Société auxiliaire du Tricastin) et CENTRACO (Centre nucléaire de traitement et de conditionnement situé à Marcoule).

L'inventaire des déchets tritiés sans filière, non stockés par l'ANDRA (points a et b), s'établissait fin 2007 à 3500 m^3, avec une activité totale d'environ 4 500 TBq[1]. La répartition des déchets sans filière en fonction de leur niveau d'activité est donnée dans le tableau 1.

Tableau 1. Répartition des déchets tritiés sans filière en fonction de leur niveau d'activité.

Type de déchets	Volume en %
Haute activité (HA)	4,6
Moyenne activité (MA)	30,7
Faible activité (FA)	53,7
Très faible activité (TFA)	11

1.2. Les déchets tritiés à venir

Dans l'avenir, les déchets tritiés proviendront essentiellement du fonctionnement du réacteur expérimental ITER (*International Thermonuclear Experimental Reactor*) (2022-2037) puis de son démantèlement (2048-2059)[2].

Les centres CEA-DAM de Valduc, Marcoule et Bruyères-le-Châtel vont continuer à produire des déchets tritiés. Pour le moment les inventaires s'arrêtent

1. 1 térabecquerel (TBq) = 10^{12} becquerels (Bq).
2. Voir paragraphe 3.

en 2020, mais il faudra les compléter en fonction des programmes d'armements qui ne sont pas encore totalement connus en 2009.

Le nucléaire diffus ainsi que l'exploitation et le démantèlement des réacteurs EDF et le site de retraitement AREVA continueront également à produire des déchets.

Une estimation de l'évolution des stocks de déchets (de l'inventaire des déchets tritiés) au cours des cinquante prochaines années a été réalisée : le volume des déchets tritiés devrait doubler d'ici à 2020, leur activité restant constante ; puis les volume et activité devraient augmenter de façon plus ou moins continue pour atteindre respectivement environ 30 000 m^3 et 35 000 TBq en 2060 (Guétat, 2008). Ces chiffres permettent de réaliser une première estimation des besoins futurs en matière d'entreposage.

La question qui se pose aujourd'hui est principalement de mettre en place des stratégies de gestion des déchets tritiés aujourd'hui sans filière, et secondairement d'anticiper la saturation des sites de stockage de l'ANDRA existants ou à venir.

2. Propositions relatives à l'entreposage de décroissance des déchets sans filière

En raison de sa période courte (12,4 ans), le tritium appartient à la catégorie des éléments radioactifs à vie courte. Les déchets tritiés peuvent donc être provisoirement entreposés pour permettre leur décroissance radioactive, afin que soient remplies les conditions pour leur prise en charge par les centres de l'ANDRA.

En application du décret du 16 avril 2008 et conformément à la loi du 28 juin 2006, le Commissariat à l'énergie atomique (CEA) a réalisé une étude relative aux solutions d'entreposage envisageables pour les déchets sans filière contaminés par du tritium existants ou à venir, qui ne sont pas susceptibles d'être stockés directement dans les centres de l'ANDRA (dossier d'orientation « Entreposage des déchets tritiés sans filière » ou EDTSF). Cette étude avait pour objets :

- de préciser la durée d'entreposage de ces déchets avant leur prise en charge dans une filière d'élimination ;
- de présenter les orientations de sûreté ;
- de préciser les dispositions de conception, de réalisation et d'exploitation de l'entreposage qui permettent de limiter autant que possible la migration du tritium dans l'environnement ;
- de proposer un échéancier et une estimation du coût des solutions envisagées.

Elle concerne essentiellement les déchets solides d'exploitation et de démantèlement produits par le CEA-DAM et par le réacteur expérimental ITER, ainsi que le nucléaire diffus, à l'exclusion des déchets solides et liquides susceptibles d'être traités dans l'installation CENTRACO et des déchets devant être évacués vers les futurs centres de stockage de déchets FA-VL et MA/HA-VL.

Les grandes lignes de ce dossier sont présentées ci-dessous.

2.1. Le dossier d'orientation « Entreposage des déchets tritiés sans filière »

Le dossier d'orientation EDTSF prévoit une durée d'entreposage de 50 ans. L'ensemble des déchets tritiés purs ou mixtes[3] est regroupé en six catégories en fonction de leur activité en tritium et de leur taux de dégazage. Chaque groupe fait l'objet d'un type d'entreposage spécifique (tableau 2).

Tableau 2. Caractéristiques générales des entreposages envisagés pour les déchets tritiés sans filière.

Classement des déchets tritiés	Caractéristiques du site de stockage	Niveaux de rejet (dégazage) en tritium (TBq/an)
Purs ou mixtes Très faible activité	Classé ICPE[a] Autorisation de rejets Ventilation naturelle	< 1
Purs Peu dégazants	Classé INB[b] Autorisation de rejets Ventilation naturelle	< 20
Purs Dégazants	Classé INB Autorisation de rejets Ventilation par extraction	< 140
Uraniés (radioéléments à vie longue) Tritiés	Classé INB Autorisation de rejets Ventilation par extraction	< 20
Irradiants tritiés Présence de radioéléments à vie courte	Classé INB Autorisation de rejets Ventilation par soufflage et extraction	< 100
Irradiants tritiés Présence de radioéléments à vie longue	Classé INB Autorisation de rejets Puits ventilés	< 35

a. Installation classée pour la protection de l'environnement.
b. Installation nucléaire de base.

3. Contenant également des radioéléments autres que le tritium.

Les futures installations d'entreposage seront construites au plus près des principaux lieux de production ou de traitement, cela afin de limiter le transport de grandes quantités de déchets. Les sites d'entreposage seraient donc ITER/Cadarache, Valduc et Marcoule. Le projet fait appel à des solutions techniques éprouvées, ne demandant pas de développement particulier. Les rejets annuels de tritium de l'ensemble des déchets tritiés feront l'objet d'une estimation. En outre, les dispositions générales de sûreté retenues pour les différents types d'entreposage tiendront compte du retour d'expérience de l'exploitation des installations existantes. L'évaluation portera ainsi par exemple sur les points suivants :

- réception et déchargement des emballages de transport et des colis pleins ;
- contrôle des colis et des emballages ;
- surveillance de l'installation et de l'ensemble du site ;
- sûreté des entreposages avec prises en compte des risques principaux (incendie, séisme, manutention).

2.2. Les perspectives

Après évaluation du dossier EDTSF par son appui technique l'Institut de radioprotection et de sûreté nucléaire (IRSN, 2009) et par la Commission nationale d'évaluation des recherches et études relatives à la gestion des matières et déchets radioactifs (CNE) (2009), l'Autorité de sûreté nucléaire (2009) a émis l'appréciation suivante : « L'ASN estime que la création de nouveaux entreposages sur une durée suffisamment longue apporte une solution concrète assurant la sûreté à court et moyen termes de la gestion des déchets tritiés dans l'attente de la mise en place de filières d'élimination définitives ».

L'ASN demande toutefois des compléments d'études concernant la gestion des déchets tritiés du nucléaire diffus et les déchets tritiés liquides et gazeux non couverts par le dossier d'orientation.

Des recommandations détaillées font également suite à cet avis. Elles concernent en particulier :

- une évaluation de la capacité supplémentaire nécessaire pour entreposer les déchets tritiés concernés sur une durée de l'ordre du siècle ;
- la possibilité de reprendre à tout moment et dans des conditions de sûreté satisfaisante les colis entreposés ;
- la réduction des rejets de tritium et la mise en œuvre d'unités de détritiation.

Ces études sont demandées pour 2011.

2.3. L'élimination à terme des déchets entreposés pour décroissance

L'ASN souligne dans son avis que la capacité radiologique des centres de stockage de déchets de faible et moyenne activité à vie courte tel que le CSFMA de Soulaines ou des futurs centres de capacité similaire risque d'être insuffisante pour accueillir l'ensemble des déchets entreposés pour décroissance, d'autant que l'évaluation des volumes qui seront produits par l'installation ITER et par le démantèlement des centres CEA-DAM est entachée d'une importante incertitude. Elle demande donc au CEA de se rapprocher de l'ANDRA, afin de mieux identifier les conditions futures d'élimination de ces déchets.

3. Le cas particulier d'ITER

Des incertitudes importantes demeurent en 2009 sur l'inventaire des déchets tritiés d'ITER, dans la mesure où un certain nombre d'options générales concernant la conception et les équipements du réacteur expérimental ne sont pas définitivement arrêtées. Certaines d'entre elles sont de nature à influer de manière significative sur la quantité de déchets produits.

3.1. Caractéristiques des déchets d'ITER

Les déchets produits par un réacteur fonctionnant grâce à la fusion thermonucléaire présentent plusieurs spécificités.

Tout d'abord, les déchets produits par ITER sont classés en trois catégories :

- déchets de très faible activité (TFA) ;
- déchets de faible et moyenne activité à vie courte (< 31 ans) (FMAVC ou type A) ;
- déchets de moyenne activité à vie longue (> 31ans) (MAVL ou type B). Il n'est pas produit de déchet de haute activité à vie longue (HAVL).

Ensuite, les déchets produits par ITER sont dus, d'une part à la présence de radioéléments produit par activation des matériaux soumis au flux de neutrons de 14 MeV, et d'autre part au marquage de ces mêmes matériaux par le tritium, en particulier pour les composants qui sont situés au plus près du plasma (déchets mixtes). Par ailleurs, les activités liées au cycle du combustible (injection-pompage, recyclage, détritiation et stockage) produisent des déchets purement tritiés.

Ces différents types de déchets seront présents à la fois lors de l'exploitation et lors du démantèlement d'ITER. Le tableau 3 donne une estimation de la répartition des déchets produits en exploitation et lors du démantèlement entre ces différentes catégories.

Tableau 3. Caractérisation des déchets d'exploitation et de démantèlement (en % de leur masse) (Rodriguez-Rodrigo, 2008).

Type de déchets	Déchets d'exploitation	Déchets de démantèlement
TFA	16 %	60 %
FMAVC (type A)	67 %	30 %
MAVL (type B)	16 %	9 %
Purement tritiés (type A)	1 %	1 %

3.2. Les déchets d'exploitation d'ITER

Dans le tableau 4, la première colonne indique les divers composants qui devront être remplacés au cours de l'exploitation, leur poids figurant dans la deuxième colonne. La colonne 3 donne la composition des déchets.

Tableau 4. Les déchets d'exploitation mixtes d'ITER.

Composants	Masse (tonne)	Composition
Divertor[4]	523	tritié, acier, cuivre, tungstène
Couverture face au plasma	23	tritié, acier, cuivre, béryllium
Limiteur	1,5	tritié, cuivre, béryllium
Systèmes d'injection et de contrôle	28	tritié, acier
Diagnostics	80	tritié, acier
Couvertures test	40	tritié, acier
Équipement usine tritium	80	tritié, acier
Injection du combustible	38	tritié, acier
Équipement télé-opération	1	tritié, acier

4. Le combustible se trouve sous forme de plasma (gaz constitués d'atomes dépouillés de leurs électrons et d'électrons). Le divertor est un dispositif magnétique qui permet d'extraire du plasma les impuretés produites par les interactions inévitables entre celui-ci et les parois matérielles qui l'entourent.

3.3. Les déchets de démantèlement d'ITER

Exprimée en poids, la part principale des déchets d'ITER proviendra du démantèlement soit environ 30 000 tonnes (Rodriguez-Rodrigo et Cortes, 2009).

Les principaux radionucléides présents seront les isotopes suivants : fer 55, cobalt 60, nickel 63, nickel 59, niobium 94 et molybdène 93. La détritiation des déchets doit être étudiée pour réduire leur dégazage tritium, afin de diminuer les contraintes d'acceptation sur les sites de stockage. Les tableaux 5 à 7 présentent les estimations de la masse et de l'activité tritium des divers composants pour les différents types de déchets.

3.3.1. *Les déchets FMAVC (type A) et TFA*

Les estimations de déchets de types A et TFA sont présentées dans le tableau 5.

Tableau 5. Les déchets de types A et TFA (Rodriguez-Rodrigo et Cortes, 2009).

Composants	Type de déchets	Masse à l'arrêt (tonne)	Activité tritium avant détritiation (Bq)
Solénoïde central	TFA	1 007	$2,4\ 10^{5}$
Aimants de correction	TFA	57	$5,6\ 10^{4}$
Cryostat	TFA	4 746	$5,0\ 10^{3}$
Circuits de refroidissement	A	4 598	$2,0\ 10^{10}$
Diagnostics	A	899	$2,5\ 10^{12}$
Injection des neutres et contrôle	A	212	$1,7\ 10^{13}$
Aimants poloïdaux	TFA	2 340	$8,4\ 10^{5}$
Aimants toroïdaux	A	5 356	$1,8\ 10^{10}$
Chambre à vide	A	8 024	$1,56\ 10^{14}$

3.3.2. *Les déchets MAVL ou type B*

Les estimations de déchets de type B sont présentées dans le tableau 6.

Tableau 6. Les déchets de type B (Rodriguez-Rodrigo et Cortes, 2009).

Composants	Masse (tonne)	Activité tritium avant détritiation (Bq)
Divertor	660	$7,8.10^{16}$
Couverture face plasma	1 553	$3,3.10^{16}$
Injection	89	$1,8.10^{14}$

3.3.3. Les déchets exclusivement tritiés (type A)

Les estimations de déchets de type A exclusivement tritiés produits lors des opérations de démantèlement sont indiquées dans le tableau 7.

Tableau 7. Les déchets exclusivement tritiés de type A (Rodriguez-Rodrigo et Cortes, 2009).

Composants	Masse (tonne)	Activité en tritium (Bq)
Usine tritium	322	6 à 9.10^{14}
Injection combustible	66	1 à 2.10^{14}

Les déchets produits par ITER seront détritiés, du moins est-ce l'option actuelle. Ils seront ensuite entreposés pour décroissance sur site. Puis, en fonction de leur contenu radioactif (vie courte, vie longue), ils seront conditionnés et envoyés dans les stockages ANDRA qui existeront vers 2060-70.

4. Conclusion

Plusieurs installations nucléaires, militaires ou civiles produisent et produiront des déchets contenant du tritium. Aujourd'hui ces déchets sont essentiellement d'origine militaire. Dans l'avenir l'exploitation et le démantèlement des centres du CEA et de l'installation ITER représenteront la majorité des déchets tritiés.

Certains déchets sont actuellement sans exutoire puisqu'ils ne peuvent être pris en charge dans les centres de l'ANDRA en raison de leur taux élevé de tritium.

Il est donc impératif de mettre au point des solutions d'entreposage pour ces déchets. Une telle étude a été présentée par le CEA en 2008. L'IRSN et la CNE ont émis des avis sur les propositions contenues dans le dossier. Il apparaît en particulier que dans ces prévisions, la capacité radiologique des futurs centres de stockage risque d'être insuffisante pour accueillir l'ensemble des déchets tritiés, ce d'autant plus qu'il existe une incertitude sur les quantités effectives de déchets tritiés que produiront ITER et le démantèlement des installations nucléaires.

Des compléments d'études et de recherches ont été demandés au CEA.

Chapitre 4

Tritium et environnement

Jean-Claude Amiard et Suzanne Gazal

1. Le transfert du tritium au sein et entre les compartiments de l'environnement

Le tritium peut être présent dans toutes les molécules hydrogénées, aussi bien de l'eau tissulaire que de la matière organique des êtres vivants. Sous forme d'eau tritiée, ce radionucléide est très mobile et de ce fait rapidement intégré dans les cycles biogéochimiques. À noter que les connaissances relatives aux transferts des particules tritiées entre sol, eau et organismes biologiques sont quasi inexistantes.

On observe cependant que :

- en cas d'absorption d'eau tritiée, une part sera intégrée à la matière organique de manière extrêmement variable selon le règne (végétal ou animal), selon l'espèce, selon la partie et le tissu (du végétal, de l'animal) considérés, le temps de séjour du tritium organiquement lié pouvant varier considérablement selon les tissus hôtes ;
- une accumulation de tritium organiquement lié a été observée dans certains organismes vivants.

1.1. Mobilité et biodisponibilité en milieux terrestres

Dans l'*atmosphère*, le tritium se trouve principalement sous forme d'eau tritiée (HTO), d'hydrogène tritié (HT) et de composés organiques et métalliques tritiés (notamment méthane tritié, CH_3T). Les deux dernières formes sont peu solubles dans l'eau et donc peu entraînées vers le sol par la pluie, au contraire de l'eau tritiée.

Au niveau des *sols*, l'hydrogène tritié se transforme rapidement en eau tritiée, vraisemblablement par action des microorganismes (Ichimasa *et al.*, 1989). Une partie disparaît par évaporation à raison de 1 % par heure, l'autre partie s'enfonce dans le sol et se mélange à l'eau interstitielle.

Les *végétaux* absorbent fortement l'eau tritiée mais pas l'hydrogène tritié. Après exposition des *parties aériennes* à l'eau tritiée, 99 % est emportée par l'eau de transpiration et disparaît à raison de 50 % toutes les 30 minutes. Le reste du tritium (1 %) est fixé dans les cellules et disparaît beaucoup plus lentement (Belot, 1996c). Suite à un *transfert racinaire*, le temps de résidence du tritium dans les plantes est plus long (quelques jours) et est fonction de la forme du tritium présent dans le sol (Belot, 1996c ; IRSN 2001).

En situation de contamination chronique, une grande partie du tritium intégré à la matière organique des végétaux est liée aux molécules de structure comme la lignine ou la cellulose et devient donc du tritium non labile avec une période biologique égale à sa période physique (12,3 ans). À noter par ailleurs les variations importantes de la teneur en OBT des différentes parties d'une plante en fonction du temps écoulé depuis une contamination ponctuelle par de l'eau tritiée (jusqu'à trois ordres de grandeur par exemple pour le soja grain, Guétat *et al.*, 2008).

Chez les *animaux*, la biocinétique peut également être très différente en fonction du vecteur de contamination. Ainsi, *l'hydrogène tritié* (HT) est dix mille fois moins assimilé que l'eau tritiée. L'absorption de l'*eau tritiée* (HTO) par inhalation est rapide et importante : 99 % en quelques secondes. À l'intérieur de l'organisme, l'eau tritiée diffuse très rapidement et s'équilibre avec les fluides corporels en quelques minutes. L'absorption cutanée d'eau tritiée est pratiquement équivalente à son inhalation. L'absorption par ingestion de l'eau de boisson ou de l'eau des aliments est aussi rapide : en quelques minutes, le tritium se retrouve dans la circulation sanguine et dans les divers organes, fluides et tissus des animaux. La majeure partie (97 %) serait rapidement transformée en eau tritiée, le reste (3 %) étant incorporé dans la fraction organique (Belot, 1996c). Chez le rat, le tritium fourni avec l'eau de boisson se bioaccumule quatre à neuf fois plus dans les molécules organiques (leucine, lysine, glucose, glucosamine, thymidine et uridine) que dans l'eau de l'organisme (Takeda, 1991). En ce qui concerne le tritium ingéré sous forme de nourriture tritiée ou *tritum organique*, l'état d'équilibre serait atteint plus lentement. Ainsi chez le rat, si le vecteur est l'eau tritiée l'état d'équilibre est atteint en 2 à 3 semaines, mais il n'est pas atteint au bout de 10 semaines si le vecteur de contamination est une céréale (Takeda *et al.*, 2001). Par ailleurs, il serait intégré à raison de plusieurs dizaines de pourcents à la matière organique. Dans une expérience où des veaux et des porcs reçoivent du tritium par diverses voies (injections intra péritonéales et ingestion d'eau tritiée, de lait, de poudre de lait et de pommes de terre tritiés), Kirchmann *et al.* (1977) constatent ainsi la grande influence de la voie de contamination sur la bioaccumulation[1] du tritium : l'incorporation est 5,6 fois plus importante chez les porcs et quinze fois plus importante chez les veaux lorsque la voie est la poudre de lait tritiée comparée à la voie eau tritiée, 15,6 fois plus importante chez les porcs lorsque la voie d'alimentation est la pomme de terre tritiée. Dans des expériences analogues, Pietrzak-Flis *et al.* (1978 ; 1982) font état d'une activité moyenne en tritium lié qui est 5 et 35 fois plus importante après incorporation de nourriture tritiée chez le lapin et chez le rat respectivement. De même, l'incorporation est nettement plus élevée chez le rat avec la nourriture solide (Takeda *et al.*, 2001), et les molécules organiques tritiées (acides aminés, acides gras, glucides) sont incorporées de façon plus importante que l'eau tritiée (Jeanmaire et Vernois, 1979 ; Mewissen *et al.*, 1979). Toutefois, le tritium ne semble pas s'accumuler préférentiellement dans l'ADN. Par ailleurs, comme pour les végétaux, le facteur de transfert varie selon la partie de l'organisme considérée. Ainsi chez le rat, la fraction de tritium retenue par le foie après une administration unique d'eau tritiée représente environ 1/100 000e du tritium administré contre 1/100e (1 %) pour la moelle épinière (Jeanmaire et Piechowsky, 1987). Pietrzak-Flis *et al.* (1978 ; 1982) observent des variations qui peuvent être importantes entre certains organes et tissus. Enfin, lorsque le tritium est intégré dans certaines molécules organiques comme la thymidine, son temps de séjour dans l'organisme est considérablement plus long que lorsqu'il reste sous forme d'eau tritiée. La période effective du tritium non échangeable serait ainsi de 600 jours dans l'ADN des cellules cérébrales de la souris (Carslen, 1984).

1. La bioaccumulation est le terme général qui désigne l'accumulation de substances données par les organismes aquatiques ou terrestres, directement à partir de l'eau, de l'air voire du sol et/ou à partir de nourriture contaminée (Ramade, 1992).

1.2. Mobilité et biodisponibilité dans les écosystèmes dulçaquicoles

Le tritium sous forme d'eau tritiée s'équilibre rapidement (48 h) entre l'eau environnante et l'être vivant dans cette eau contaminée. Cet équilibre est atteint en environ une minute pour les producteurs primaires et 24 heures pour les poissons. Les facteurs de concentration (rapport activité par kilogramme de poids/ activité par litre d'eau) varient de 0,9 à 1 $L.kg^{-1}$ (poids frais). Il conviendrait toutefois de tenir compte de l'incorporation du tritium aux molécules organiques lors de la synthèse de celles-ci, comme l'ont fait Myamoto et Kimura (1995).

Les *producteurs primaires* sont capables de convertir très rapidement le tritium absorbé sous forme d'eau tritiée (HTO) en tritium organique (OBT), avec un facteur temps de conversion de 6,6 jours chez *Scenedesmus quadricauta* (Bonotto *et al.*, 1982 ; Strack *et al.*, 1979 ; IRSN, 2001). De même, une grande partie du tritium absorbé sous forme d'eau tritiée se bioaccumule dans l'algue d'eau douce *Chlamydomonas* surtout au niveau de l'ADN (Bonotto *et al.*, 1978). Or, l'assimilation du tritium de l'eau tritiée peut atteindre 90 % lors de la photosynthèse algale, laissant présager les capacités d'incorporation de ce radionucléide le long des chaînes trophiques.

Chez les *animaux*, l'équilibre entre le tritium de l'eau et le tritium libre tissulaire est rapide. Une partie de ce tritium est utilisée pour l'anabolisme de molécules organiques variées. Chez la truite arc-en-ciel juvénile contaminée chroniquement et directement par l'eau environnante, le rapport OBT/HTO atteint rapidement un équilibre de 0,2 avec une période biologique d'environ 10 jours pour l'ensemble du tritium (Rodgers, 1986). Lorsque la contamination se fait par voie trophique, la quantité de tritium organique atteint à l'équilibre, chez la truite arc-en-ciel juvénile, 80 % de la quantité de tritium ingérée avec des périodes biologiques de 18 à 32 jours (Rodgers, 1986).

Plus généralement, l'incorporation du tritium aux molécules organiques serait plus importante lorsque le tritium est ingéré sous forme OBT (voie alimentaire) plutôt que sous forme HTO (voie directe) (Koranda et Martin, 1972 ; Rodgers, 1986).

1.3. Mobilité et biodisponibilité dans les écosystèmes marins

Étant données les caractéristiques de la dispersion des masses d'eau dans les océans, le tritium d'origine atmosphérique se dispersera rapidement dans les *eaux superficielles* (jusqu'à environ – 1 000 mètres), et beaucoup plus lentement dans les *eaux profondes*. La contamination des eaux profondes dans l'Atlantique sud est ainsi de l'ordre de 5.10^{-3} $Bq.L^{-1}$ *versus* 0,1 $Bq.L^{-1}$ et 0,3 $Bq.L^{-1}$ dans les eaux de surface de ce même océan et de la Manche respectivement. Pour les *algues marines*, l'incorporation du tritium se fait principalement au niveau de l'ADN chez *Acetabularia*, au contraire de *Porphyra* qui incorpore préférentiellement le tritium dans sa matière organique totale et peu dans son ADN (Bonotto *et al.*, 1978). Certaines algues unicellulaires (*Acetabularia acetabulum* et *Boergesenia forbesii*) et pluricellulaires (*Cystoseira compressa* et *Laurencia obtusa*) bioaccumulent très rapidement le tritium sous forme d'eau tritiée, et à la lumière celui-ci est rapidement incorporé à la matière organique (Bonotto *et al.*, 1984). Il est donc important par connaître le taux d'incorporation du tritium dans ces organismes. Or nos connaissances sur l'incorporation du tritium par les diverses molécules organiques sont rudimentaires. Chez la microalgue *Dunaliella bioculata*, cette incorporation est très variable selon les molécules marquées. Signalons également le travail de Strack *et al.* (1983) soulignant la possibilité de fortes accumulations de tritium par certaines de ces molécules (acides aminés, glucides) chez deux algues marines. De surcroît, le taux d'incorporation de ces molécules est lui-même variable. Ainsi, la leucine et l'adénine sont bioconcentrées respectivement 10 et 100 fois plus dans l'eau de mer que dans le milieu expérimental (Strack *et al.*, 1980). L'incorporation de la leucine est faible dans les protéines, tandis que l'adénine est principalement retrouvée dans des macromolécules ayant une importance biologique telles que l'ARN et l'ADN.

Le transfert du tritium sous forme d'OBT dans les organismes d'une *chaîne trophique* : diatomées (*Chaetoceros gracilis*) – artémies (*Artemia salina*) – poissons (*Oryzias latipes*), est nettement plus importante lorsque le vecteur de contamination est l'eau tritiée accompagnée de nourriture tritiée que lorsqu'il s'agit uniquement d'eau tritiée. À noter que la distribution du tritium dans les organes du poisson et au niveau des molécules reste homogène (Komatsu *et al.*, 1981).

2. Les concentrations dans l'environnement

Le tritium gazeux et l'eau tritiée sont essentiellement concentrés dans les océans (87 %) et les eaux continentales (12 %). Ils ne sont présents que pour 1 % dans le milieu atmosphérique (Guétat, 2007).

2.1. Le milieu atmosphérique

La valeur du bruit de fond en tritium dans l'atmosphère est d'environ 10^{-2} Bq.m^{-3}. On trouve localement dans l'environnement des sites nucléaires des activités en tritium atmosphérique qui peuvent être supérieures de plusieurs ordres de grandeur à ce bruit de fond. Ainsi en France autour des sites de Valduc, où l'activité de l'air a décru progressivement de 10-100 Bq.m^{-3} à 0,1-10 Bq.m^{-3} d'air entre 1980 et 2000 (Guinois et Guétat, 2001), de Bruyères-le-Châtel, où elle était de quelques Bq.m^{-3} d'air entre 1982 et 1994 (avec un pic à 50 Bq.m^{-3} en 1993) puis a diminué régulièrement jusqu'à 0,4 Bq.m^{-3} d'air en 1997, ou encore de Marcoule (< 8 Bq.m^{-3} entre 1988 et 1995) (HCEA, 1998)[2]. De même, 1,31 à 29,2 Bq.m^{-3} d'air en vapeur d'eau tritiée ont été mesurés par Kim *et al.* (1998) autour de la centrale nucléaire coréenne de Wolsong, et 16 à 2,5.10^{4} Bq.L^{-1} de vapeur d'eau atmosphérique autour de l'Institut des sciences nucléaires de Vinca en Yougoslavie (Miljevic *et al.*, 2000). Moreira *et al.* (2005) quant à eux proposent, après modélisation, des activités en tritium d'environ 250 à 600 Bq.m^{-3} à proximité de la centrale nucléaire brésilienne d'Angra dos Rei (*versus* 0,4 à 10 Bq.m^{-3} pour un site témoin).

Les eaux de pluie, ainsi que nombreux échantillons terrestres, seront par ailleurs de bons indicateurs de la pollution atmosphérique à court, moyen ou long terme.

2.2. Les milieux terrestres

Les *eaux de pluie* collectées à Fukuoka au Japon de 1987 à 1991 présentent des activités en tritium comprises entre 0,06 et 3,39 Bq.L^{-1} avec une moyenne de 0,62 Bq.L^{-1} (Matsuoka *et al.*, 1994), activités qui peuvent être considérées comme représentatives du bruit de fond naturel.

On trouve néanmoins des poches de contamination d'origine anthropique qui peuvent être importantes. Ainsi en France dans l'environnement du site de Bruyères-le-Châtel (100 à 380 Bq.L^{-1} d'eau de pluie en moyenne annuelle entre 1982 et 1997, avec des moyennes mensuelles > 1 000 Bq.L^{-1}), ou autour des sites de Valduc, où l'activité de l'eau de pluie a décru régulièrement de 200-8 000 Bq.L^{-1} en 1980 à 10-100 Bq.L^{-1} en 2000, ou encore de Marcoule où elle a décru de 1 400 Bq.L^{-1} en 1975 à moins de 60 Bq.L^{-1} en 1997 (HCEA,

2. Sur les prescriptions réglementaires en matière de marquage du milieu récepteur et de surveillance du tritium dans les milieux atmosphérique, aquatique et terrestre par les sites nucléaires français, voir les tableaux 2 à 4 en annexe 2 du présent chapitre.

1998). Des contaminations généralisées ont également été observées lors des explosions atomiques dans l'atmosphère. Ainsi à Vienne (Autriche) en 1962, avec 650 Bq.L^{-1} d'eau de pluie (2 Bq.L^{-1} en 1991).

L'activité du *manteau neigeux* est également un indicateur à plus ou moins long terme de l'activité atmosphérique. Ainsi, dans les neiges de l'Antarctique et de l'Arctique, les concentrations en tritium sont respectivement en de 70-110 UT et 10-40 UT[3] (Fourré *et al.*, 2006).

D'assez nombreuses données sont disponibles concernant les échantillons terrestres.

En France, les activités en tritium dans les échantillons terrestres varient de moins de 0,5 Bq.kg^{-1} à Brest à 0,5-2 Bq.kg^{-1} à Orléans la Source et à 1-2 Bq.kg^{-1} à Thonon-les-Bains (Pointurier *et al.*, 2003). Le tritium organiquement lié (OBT) dans les *feuilles de chêne* et *de fougères* varie de 0,7 à 2 Bq.kg^{-1} dw[4] dans la région de Bordeaux (Pointurier *et al.*, 2003). On peut considérer que ces contaminations sont essentiellement d'origine naturelle. Des contaminations d'origine anthropique sont par ailleurs observées. Ainsi en France, l'activité en tritium de l'eau libre[5] a fluctué entre quelques Bq.kg^{-1} et 2 000 Bq.kg^{-1} fw (moyenne 150 Bq.kg^{-1} fw) dans l'*herbe* à Bruyères-le-Châtel entre 1982 et 1996 (HCEA, 1998). Elle était de l'ordre de 60 à 260 Bq.L^{-1} en 1988 et de quelques Bq.L^{-1} à plusieurs dizaines de Bq.L^{-1} en 1998 dans les *plantes* de l'environnement de Valduc (Guinois et Guétat, 2001), de 1,6 à 47,2 Bq.L^{-1} et 1,8 à 33,6 Bq.L^{-1} dans les *pommes* et les *pommes de terre*, de 1,33 à 31,75 Bq.L^{-1} dans les *salades*, de 142 Bq.L^{-1} et 214 Bq.L^{-1} dans le *blé* et les *girolles* entre 2001 et 2004 (SEIVA, 2008a). À noter également au cours de cette même période autour de Valduc des activités en tritium OBT de 30,1 Bq.kg^{-1}fw et 17,4 Bq.kg^{-1}fw dans des *pommes*

3. Une UT (unité tritium) correspond à la proportion naturelle de tritium et d'hydrogène dans l'environnement, soit un atome de tritium pour 10^{18} atomes d'hydrogène.

4. Concernant les échantillons solides, les mesures d'activité sont réalisées, soit sur l'eau libre obtenue après lyophilisation de l'échantillon (mesure de HTO), soit sur l'eau recueillie après combustion (eau de combustion). La teneur totale en tritium sera mesurée sur l'eau de combustion de l'échantillon lui-même. Le tritium organiquement lié total sera mesuré sur l'eau de combustion de la matière sèche obtenue après lyophilisation de l'échantillon. Le tritium organiquement lié non échangeable sera mesuré sur l'eau de combustion de la fraction solide sèche obtenue après réhydratation atritiée et lyophilisation de la matière sèche ci-dessus. Les résultats sont donnés en becquerel par unité de volume (en général L^{-1}), par unité de poids frais (en général kg^{-1} fw = « *fresh weight* » = kg^{-1} ww = « *wet weight* ») ou par unité de poids sec (en général kg^{-1}dw = « *dry weight* ») (*cf.* chapitre 1).

5. Les techniques utilisées pour la mesure du tritium libre ne font souvent pas la distinction entre le tritium HTO et le tritium OBT faiblement lié, notamment en milieu aquatique (IRSN, 2001). Il convient par conséquent d'observer une certaine prudence dans l'interprétation des données d'activité « HTO ».

et des *pommes de terre,* et de 145,6 $Bq.kg^{-1}$fw dans du *chevreuil* (SEIVA, 2008a). Des activités de l'ordre de 1 000 $Bq.L^{-1}$ ont été mesurées dans le *vin* de l'environnement du site de Marcoule jusqu'en 1985, activité réduite à 20-60 $Bq.L^{-1}$ (100 $Bq.L^{-1}$ à proximité du site) en 1997 (HCEA, 1998). Une activité de 2,3 à 44,8 $Bq.L^{-1}$, décroissante avec l'éloignement, a été mesurée dans le *raisin* autour de ce même site en 2002 (CRIIRAD, 2003). Une campagne de mesures réalisée en 2000 sur des *lichens* autour du site de Valduc a fait apparaître une activité en OBT non échangeable de plusieurs dizaines à plusieurs milliers de $Bq.kg^{-1}$ dw, fonction de la distance au site, de la rose des vents et de l'âge des échantillons prélevés (Observatoire mycologique de Bourgogne, 2001). L'activité des *feuilles de chêne* en OBT total dans un rayon de 4-16 km autour de ce même site variait en 2001 de 2,6 ± 0,3 à 254 ± 4 $Bq.L^{-1}$ d'eau de combustion (IRSN, 2003a). Elle était d'une centaine à quelques milliers de $Bq.L^{-1}$ à Bruyères-le-Châtel, et d'une centaine à quelques centaines de $Bq.L^{-1}$ à Saclay en 1996 (HCEA, 1998). Autour du site de Creys-Malville, la fraction non-échangeable du tritium organiquement lié est forte dans les échantillons terrestres (surtout dans le *lait*), mais les valeurs ne sont pas plus élevées que dans la zone servant de référence (Ambléon, près de la frontière suisse) (Jean-Baptiste *et al.*, 2007). En ce qui concerne le lait, l'IRSN fait par exemple état en 2002 d'activités en tritium libre comprises entre 0,7 ± 0,7 $Bq.L^{-1}$ et 4,3 $Bq.L^{-1}$ dans l'environnement des centres nucléaires de production d'électricité français (IRSN, 2003b). Au Japon, de nombreuses études ont porté sur le *riz*. Ainsi, des activités en OBT variant de 0,46 à 4,7 $Bq.L^{-1}$ y ont été mesurées dans le riz non décortiqué entre 1979 et 1991 (Hisamatsu *et al.*, 1994).

2.3. Les milieux aquatiques dulçaquicoles

Avant l'avènement de la technologie nucléaire, l'activité en tritium dans les *eaux de surface* était comprise entre 0,2 et 0,8 $Bq.L^{-1}$. Pendant la période des essais nucléaires, elle était mille fois plus élevée (de l'ordre de 100 à 200 $Bq.L^{-1}$) (UNSCEAR, 1981). Dans les cours d'eau français aujourd'hui, les valeurs sont généralement inférieures à la limite de détection (souvent comprise entre 9 et 10 $Bq.L^{-1}$). Des valeurs comprises entre 10 et 20 $Bq.L^{-1}$ sont plus rarement rencontrées. Il en est de même pour les *eaux souterraines*. Néanmoins, l'environnement des sites nucléaires peut présenter des niveaux de contamination significativement plus élevés.

Ainsi, des valeurs de 40 à 60 $Bq.L^{-1}$ sont périodiquement mesurées dans la Garonne en aval du CNPE de Golfech, rarement des valeurs plus élevées (*e.g.* 97,6 ± 8,7 $Bq.L^{-1}$ en 2005) (EDF, 1990-2010 ; Laboratoire vétérinaire de Tarn-et-Garonne, 2005-2008). Des activités très élevées ont été mesurées en 1984-1986 dans l'environnement du site de Valduc dans le ruisseau de Noirveau (jusqu'à 3 500 Bq.L^{-1}) et dans les eaux de nappe (jusqu'à 8 000 Bq.L^{-1}) (HCEA, 1998), ainsi que dans les eaux de consommation (jusqu'à 5 000 Bq.L^{-1}) (Guinois et Guétat, 2001). Néanmoins, l'activité moyenne des cours d'eau et du Grand étang décroît régulièrement depuis 1997 (respectivement plusieurs dizaines et quelques centaines de Bq.L^{-1}) (figure 1).

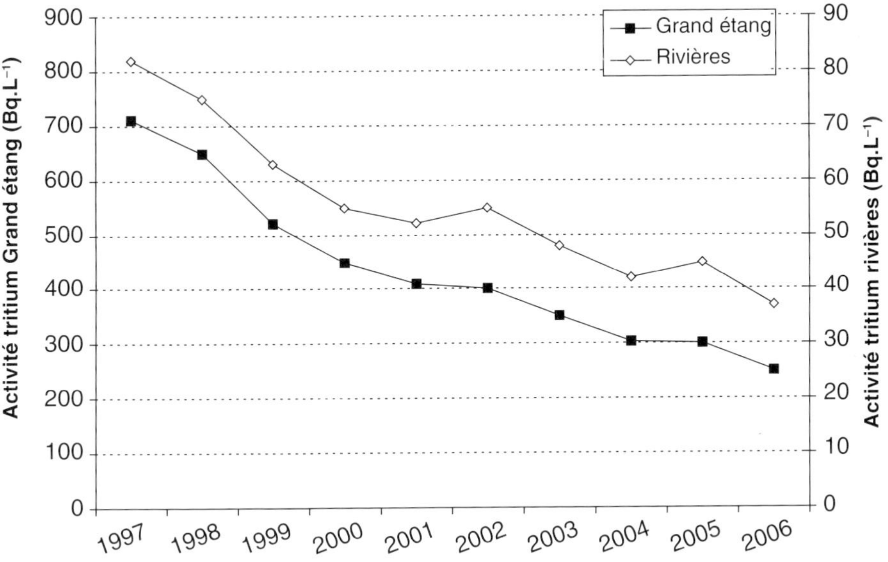

Figure 1. Activité du Grand étang ainsi que des rivières de l'Ignon, de la Tille de l'Oze et de la Douix entre 1997 et 2006 (CEA, 2006).

De même, la contamination de l'eau potable n'a cessé de décroître depuis 1997 (valeurs comprises aujourd'hui entre 5 et 40 Bq.L^{-1}) (figure 2).

De même, des valeurs de 30,6 ± 5,6 à 41,7 ± 6,7 Bq.L^{-1} ont été mesurées dans des eaux de boisson en aval de la centrale nucléaire de Golfech (Laboratoire vétérinaire de Tarn-et-Garonne, 2006 à 2008).

Concernant les eaux de nappe autour des centrales nucléaires françaises, elles ont pu présenter des contaminations en tritium ponctuelles importantes suite à des incidents divers (fuites, déversements accidentels...), à l'inverse par exemple de centres nucléaires tels que la centrale de Wolsong ou l'Institut des sciences nucléaires yougoslave de Vinca où les activités en tritium varient dans les eaux souterraines entre 19,2 et 189 Bq.L^{-1} pour le premier et 124 et 550 Bq.L^{-1} pour le second. Des activités de 65 à 1 000 Bq.L^{-1} et de 1 200 Bq.L^{-1} étant également mesurées dans l'eau interstitielle des sols autour de chacun de ces deux sites (Kim *et al.*, 1998 ; Miljevic *et al.*, 2000).

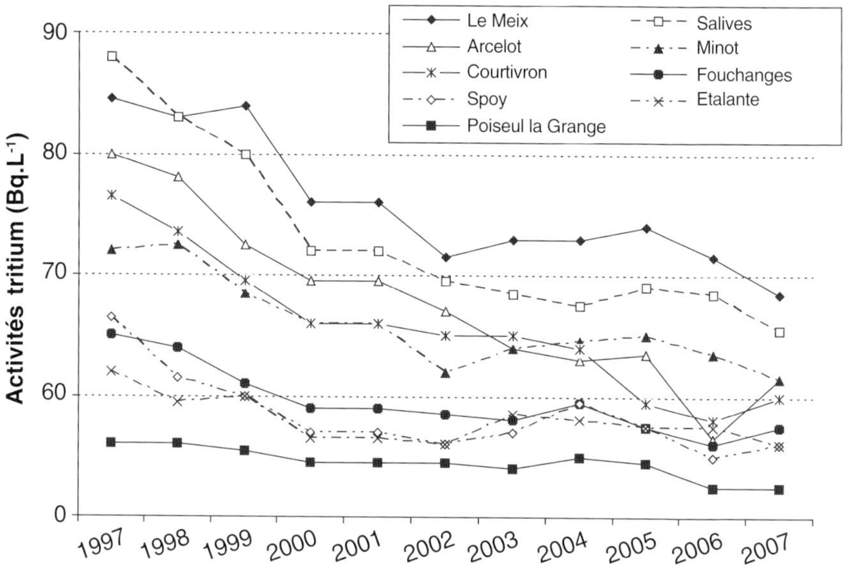

Figure 2. Activité de l'eau de consommation dans l'environnement du site de Valduc (1997-2007) (en $Bq.L^{-1}$) (*source* SEIVA, 2008a).

Il en va différemment du Centre de stockage des déchets à vie longue et haute activité de la Manche (CSM) où, entre 1977 et 1992, la contamination a atteint des valeurs de $1{,}4.10^4$ $Bq.L^{-1}$ à 6.10^5 $Bq.L^{-1}$ en différents points de la nappe au droit du centre (CSM-ANDRA, 1992), des valeurs de l'ordre de 10^3 $Bq.L^{-1}$ à 10^5 $Bq.L^{-1}$ étant relevées en 2008 en limite de site (IRSN, 2008), et où des valeurs de l'ordre de 5.10^4 $Bq.L^{-1}$ ont été mesurées dans le ruisseau Sainte Hélène en 1982, activités ramenées en 1992 à plusieurs centaines de $Bq.L^{-1}$.

De même, l'activité en tritium de l'eau dans les zones d'essais nucléaires présente des variabilités considérables. Ainsi, dans les eaux de surface de l'île d'Amchitka, où ont eu lieu des essais nucléaires militaires américains souterrains, les activités en tritium varient de $0{,}41 \pm 0{,}11$ $Bq.L^{-1}$ à $0{,}74 \pm 0{,}126$ $Bq.L^{-1}$ à l'exception d'un site (Long Shot) où les concentrations atteignent $5{,}8 \pm 0{,}19$ $Bq.L^{-1}$ (Dasher *et al.*, 2002). Autour du site de « Savannah River » (SRS) aux États-Unis, les concentrations en tritium dans les eaux peuvent être extrêmement élevées, variant de 11 à 26 754 $Bq.L^{-1}$ (Beals et Hayes, 1995). De même, le tritium est le radionucléide le plus abondant dans les eaux de forage du site d'essais atomiques du Nevada ($2{,}9.10^5$ à $1{,}1.10^7$ $Bq.L^{-1}$) (Hu *et al.*, 2008). Quant aux essais nucléaires soviétiques, ils ont eu lieu essentiellement sur le « Semipalatinsk Test Site » (STS) dans les montagnes Degelen (aujourd'hui au Kazakstan). Les activités en tritium dans les eaux des puits y sont peu élevées (4,1 à 4,7 $Bq.L^{-1}$), mais elles sont très élevées dans le lac Balapan (12 600 $Bq.L^{-1}$) et extrêmement fortes dans les eaux courantes et les eaux des tunnels des montagnes Degelen où ont eu lieu 215 essais (133 000 à 235 500 $Bq.L^{-1}$) (Mitchell *et al.*, 2005).

Concernant les *organismes aquatiques*, une activité moyenne de 2 200 $Bq.kg^{-1}$ de poids frais a été mesurée en 1986 dans les *poissons* de l'environnement du centre d'études de Valduc (HCEA, 1998). Ces valeurs étaient < 700 $Bq.L^{-1}$ en 1999. Des activités importantes en tritium organiquement lié ont été mesurées dans l'écosystème aquatique du site de Brennilis, tant pendant la phase d'exploitation qu'après la mise à l'arrêt de la centrale : plusieurs milliers de $Bq.L^{-1}$ d'eau de combustion dans les *sédiments* en aval du site en 1984 et 2002, dans les *poissons* et dans les *plantes aquatiques* en 1984, plusieurs dizaines de $Bq.L^{-1}$ dans les *poissons* et dans les *plantes aquatiques* en 1993 et 2002 (Foulquier, 1984 ; Descamps, 2003). Foulquier et Pally (1982) font état d'activités moyennes de 46 ± 19 $Bq.kg^{-1}$ dw en tritium lié dans les poissons des fleuves français, dans les zones affectées par les retombées atmosphériques ou par les rejets des centrales nucléaires, et de 198 ± 49 $Bq.kg^{-1}$ dw dans une zone affectée par les rejets de l'usine de retraitement de combustibles irradiés de Marcoule. Ils calculent des facteurs de concentration FC[6] [OBT] poisson/[HTO] eau du fleuve de 6 à 17, et signalent dans la littérature des valeurs atteignant 100. Selon Pally *et al.* (1993) le facteur de concentration varie de 3 à 15 chez les poissons du Rhône. À noter par contre que dans un réservoir proche d'un réacteur nucléaire brésilien contaminé en tritium à hauteur de 53 à 433 $Bq.L^{-1}$, le facteur de concentration [HTO] plante (*Typha latifolia*) et poisson (*Cyprino carpio*)/[HTO] eau du fleuve serait souvent inférieur à 1 (Baeza *et al.*, 2008).

Dans l'environnement du Centre de stockage de la Manche, la concentration en tritium organiquement lié dans les *bryophytes* du ruisseau de la Sainte-Hélène était en 1987 cinquante fois plus importante que dans les ruisseaux de référence (Fraizier et Pally, 1987). Autour de Creys-Malville, la fraction non-échangeable du tritium organiquement lié est forte dans le *compartiment aquatique* (poissons, plante, sédiment). Cette fraction est supérieure d'un à deux ordres de grandeur dans les organismes et de quatre à cinq ordres de grandeur dans les sédiments à ce qu'elle est dans d'autres régions non impactées (Jean-Baptiste *et al.*, 2007). Ce

6. Le facteur de concentration (FC) désigne le rapport de la concentration d'un polluant [de son activité dans le cas des radioéléments] à sa concentration dans le biotope (eau, air ou sol) (Ramade, 1992).

phénomène étant vrai en amont et en aval de l'ex-centrale nucléaire et également près de la frontière suisse (*cf.* milieu terrestre ci-dessus), l'explication avancée est la présence éventuelle dans l'eau du Rhône de particules fines de polystyrène tritiées entrant dans la composition des peintures lumineuses utilisées par les entreprises d'horlogerie locales.

2.4. Les milieux marins

Dans les eaux de surface des *océans*, les activités sont très basses, voisines de 0,2 $Bq.L^{-1}$. En 1994, le bruit de fond du tritium dans les eaux de l'Atlantique était de 0,3 $Bq.L^{-1}$ (dont 0,2 $Bq.L^{-1}$ dû aux essais nucléaires) et les valeurs les plus élevées (6 $Bq.L^{-1}$) se trouvaient le long des côtes du pays de Caux (Bailly du Bois et Guéguéniat, 1999). Masson *et al.* (2004 ; 2005) ont mesuré saisonnièrement les valeurs du tritium libre et du tritium organiquement lié dans les eaux côtières de Concarneau à Dunkerque, ainsi que dans divers organismes marins. Les valeurs trouvées aux sites de référence (Concarneau et Roscoff) sont inférieures à 1,2 $Bq.L^{-1}$. La dilution du tritium rejeté par les quatorze réacteurs des côtes de la Manche et l'usine de retraitement de La Hague suit bien le modèle hydrodynamique de dispersion des substances solubles TRANSMER (Bailly du Bois et Dumas, 2004). Les eaux marines proches de l'usine de retraitement de La Hague affichent des valeurs comprises entre 3 et 30 $Bq.L^{-1}$. L'activité tritium au large de la côte varie entre 10 et 20 $Bq.L^{-1}$. Elle fluctue avec l'importance des rejets.

Si l'on observe le tritium dans l'eau de mer autour de Sellafield sur ces dix dernières années, les valeurs y sont similaires à celles observées autour du site de la Hague : 12 à 23 $Bq.L^{-1}$ en zone proche de la côte au point de contrôle de St. Bees, et environ 10 $Bq.L^{-1}$ au large (RIFE, 1996-2008).

Dans le delta du Rhône, Gontier *et al.* (1992) mesurent des activités en tritium dans le *fleuve* comprises entre 6 et 11 $Bq.L^{-1}$. Dans les *sédiments marins*, les valeurs en tritium organiquement lié décroissent de 3 113 à 219 $Bq.L^{-1}$ avec l'éloignement de l'embouchure du fleuve.

L'estuaire de la Severn (Pays de Galles, Grande-Bretagne) est pour sa part contaminé par les rejets de l'usine « Cardiff Nycomed-Amersham », une usine radiochimique qui fabrique une large gamme de composés marqués destinés à la recherche dans le domaine des sciences de la vie. De très fortes concentrations ont été détectées dans les *organismes marins* vivant dans l'estuaire de la Severn et le canal de Bristol, essentiellement sous forme organique (OBT) (Pearce, 1999 ; McCubbin *et al.*, 2001). En effet, plus de 85 % du tritium se trouve sous forme organique chez le poisson, le ver (*Arenicola maricola*), la moule (*Mytilus edulis*), l'algue (*Fucus vesiculosis*) et dans le *sédiment*. Les concentrations de tritium sous forme OBT varient peu avec les saisons : de 7 à 9 $Bq.kg^{-1}$ dw dans *l'eau de mer côtière* (filtrée à 0,45µm), de 500 à 980 $Bq.kg^{-1}$ dw pour le *sédiment de surface*, de 1 550 à 3 050 $Bq.kg^{-1}$ dw pour les *algues*, de 99 200 à 228 800 $Bq.kg^{-1}$ dw pour les *moules*, de 99 700 à 240 200 $Bq.kg^{-1}$ dw pour les *flets*. Seule l'activité des *matières en suspension* fluctue assez fortement : de 370 à 2 500 $Bq.kg^{-1}$ dw entre juillet 1999 et mai 2000. Les facteurs de concentration en tritium total (rapport concentration dans l'organisme/concentration dans la phase dissoute de l'eau de mer) sont élevés : 20 000 pour la *moule* et le *flet,* 300 pour les *algues* et 100 pour les *particules en suspension*. Ces facteurs de concentration sont très significativement supérieurs à ceux que prédisent les modèles courants (FC $\simeq$ 1) (Williams *et al.*, 2001). Les niveaux de tritium total dans les espèces marines ont été stables entre 1990 et 2000 (Williams *et al.*, 2001). Cependant, Mc Cubbin *et al.* (2001) observent des variations annuelles sur la période 1997-2000 : de 7,9 à 62 $Bq.kg^{-1}$ dans l'eau de mer, de 18 600 à 36 200 $Bq.kg^{-1}$ chez le flet (*Platichthys flesus*) et 18 300 à 41 000 $Bq.kg^{-1}$ ww chez la moule. Par ailleurs, si moins de 20 % du tritium total présent dans l'eau de mer est associé aux particules sédimentaires – principalement avec la fraction organique des vases (Williams *et al.*, 2001), la répartition du tritium dans la couche sédimentaire n'est pas homogène : les concentrations sont fortes en surface (0 à 2 cm) et diminuent avec la profondeur, ce qui indique que la pollution est relativement récente. Ce résultat ne concorde pas avec les rejets de l'usine « Cardiff Nycomed-Amersham », dont le maximum de rejet de tritium a eu lieu au cours des années 1986-1987 (800 à 900 TBq par an) et est en 1999 descendu à 400 TBq. On observe en outre des différences de concentration en tritium dans les diverses espèces étudiées, qui semblent liées aux régimes alimentaires (McCubbin *et al.*, 2001). Ainsi, les poissons benthiques[7] (flet et sole) se contaminent nettement plus que le sprat, poisson pélagique planctonophage. Des expériences ont en outre été réalisées pour évaluer la bioaccumulation[8] du tritium dans les moules. Cependant, la voie eau semble y avoir été privilégiée par rapport à la voie trophique (consommation de phytoplancton), ce qui ne permet pas de conclure sur la question de la bioamplification[9]. Enfin, au niveau moléculaire, le tritium semble se lier plus fréquemment avec les lipides et les carbohydrates qu'avec les acides nucléiques et les protéines (Williams *et al.*, 2001).

---

7. Les organismes benthiques vivent au contact des sédiments.
8. *Cf.* définition note 1.
9. *Cf.* paragraphe 3.2.

Le devenir du tritium dans l'estuaire de la Severn est complexe et il semble bien que les microorganismes jouent un rôle non négligeable dans la biotransformation des diverses catégories de tritium, en les incorporant et en les dégradant partiellement.

Williams *et al.* (2001) estiment à 36 µSv par an pour le groupe critique vivant autour de l'estuaire de la Severn (consommateurs de carrelets locaux), la dose due au tritium. Campling *et al.* (2002) en Grande-Bretagne évaluent pour leur part les doses délivrées aux populations critiques vivant autour les sites nucléaires de Aldermaston et Berkeley à moins de 5 $\mu Sv.an^{-1}$, essentiellement du fait de la consommation de végétaux racines et de pommes de terre dans le premier cas, de crustacés et de coquillages dans le second. Ils évaluent à 66 $\mu Sv.an^{-1}$ et 68 $\mu Sv.an^{-1}$ les doses délivrées aux populations de l'environnement des sites de Cardiff et Heysham, du fait de la consommation de coquillages et de lait dans le premier cas, de mollusques et de crustacés dans le second. Dans ces quatre sites, les populations critiques sont les adultes. Le site de Hinkley Point enfin délivrerait aux enfants de 1 an des doses de 10 $\mu Sv.an^{-1}$ (consommation de coquillages et irradiation externe). Ces doses correspondent respectivement à 0,5 %, 7 % et 1 % des limites maximales admissibles d'exposition aujourd'hui retenues par les instances internationales[10].

3. Le rapport tritium organiquement lié/eau tritiée dans les compartiments de l'environnement et la question de la bioamplification de la concentration en tritium le long des chaînes trophiques

Le fait que le tritium se lie aux molécules organiques a une grande importance sur son devenir dans les organismes vivants. La question de la biodisponibilité du tritium lié aux composés organiques, et donc des cinétiques spécifiques d'assimilation et d'excrétion de celui-ci par les organismes, ainsi que des échanges éventuels entre les différents milieux, est une question majeure. Elle se décline aujourd'hui à deux niveaux. Au niveau tout d'abord du rapport entre l'activité en tritium organiquement lié et de l'activité en eau tritiée dans les milieux et les organismes vivants. Au niveau ensuite d'un éventuel phénomène de bioamplification de l'activité en tritium des organismes, c'est-à-dire de l'éventuelle augmentation de l'activité en tritium organiquement lié avec le niveau trophique

10. *Cf.* chapitre 6, tableau 2.

des organismes. Un certain nombre d'études ont été conduites sur ces questions dans différents milieux et sur différents organismes.

3.1. Le rapport OBT/HTO dans les milieux et les organismes vivants

D'assez nombreuses données sont disponibles, qu'il s'agisse des milieux aquatiques ou terrestres. Dans un certain nombre d'études, le rapport OBT/HTO est inférieur à 1. Dans une grande majorité d'entre elles cependant, il apparaît que le rapport OBT/HTO est chez les organismes vivants et dans les milieux supérieur à 1[11].

Ainsi dans le riz poli, les activités sont en moyenne de 2,69 et 2,01 $Bq.L^{-1}$ respectivement pour les tritium HTO et OBT, et le rapport OBT/HTO est assez souvent inférieur à 1, traduisant pour les auteurs une discrimination isotopique (Inoue et Iwakura, 1990).

Concernant le milieu aquatique, Siclet (2001) a montré à l'inverse que dans les sédiments de l'estuaire de la Loire, l'activité en tritium organiquement lié (OBT) varie de 12 à 36 $Bq.L^{-1}$ et que l'activité des formes OBT (en moyenne 20,55 $Bq.L^{-1}$ d'eau de combustion) domine nettement les formes libres (HTO) (en moyenne 7,6 $Bq.L^{-1}$). Gontier *et al.* (1992) ont quant à aux fait apparaître que les activités en tritium organiquement lié dans les moules à l'embouchure du Rhône varient en 1986 de 29 à 79 $Bq.L^{-1}$ et que les activités en tritium libre dans ces mêmes organismes sont systématiquement inférieures à celles du tritium organiquement lié. De même, les organismes marins (algues, mollusques, poissons) prélevés à Gravelines sur la côte de la Manche présentent des activités en OBT qui sont supérieures aux activités en eau tritiée (tableau 1). Cela est également vrai au site de référence de Concarneau (côte bretonne). Il convient cependant de noter que le nombre de mesures disponibles est dans les deux cas très limité (Masson *et al.*, 2004 ; 2005). Deux hypothèses sont avancées par les auteurs pour expliquer cet excès d'activité en tritium organiquement lié : un échange de l'eau tritiée avec l'atmosphère lorsque les animaux sont émergés et une discrimination isotopique durant la phase de lyophilisation des échantillons, hypothèse déjà émise par Belot *et al.* (1996b).

11. Il s'agit des taux d'incorporation du tritium à la matière organique d'une part et à l'eau libre d'autre part, et non de l'activité massique en tritium OBT ou HTO des organismes ou des milieux.

Tableau 1. Activités moyennes en HTO et OBT (Bq.L^{-1}) dans les algues, mollusques et poissons dans l'environnement du CNPE de Gravelines.

	HTO	**OBT**
Algues	3,2 ± 1,2 (n = 7)	5,7 ± 1,3 (n = 7)
Mollusques	2,8 ± 0,4 (n = 3)	7,1 ± 1,2 (n = 3)
Poissons	3,2 ± 0,3 (n = 3)	4,7 ± 0,5 (n = 3)

Il convient cependant de rappeler que selon la forme (HTO ou OBT) sous laquelle il est présent et/ou administré, le tritium a un comportement, une distribution et une période biologique différents dans les organismes, ce qui peut également expliquer les rapports OBT/HTO mentionnés dans les études ci-dessus.

Ainsi, Hodgson *et al.* (2005), administrant du tritium (HTO ou OBT) à des rats adultes constatent que dans le cas de l'eau tritiée, 97 % du tritium transféré à l'organisme a une demi-vie de 10 jours et 3 % une demi-vie de 40 jours, alors que pour la forme OBT, les demi-vies sont de 10 jours pour 70 % du tritium transféré dans l'organisme et 100 jours pour 30 % de celui-ci. La concentration de tritium dans les organismes sous une forme ou sous une autre dépend donc de la forme sous laquelle le tritium est présent dans le milieu. Dans cet ordre d'idées, Gontier *et al.* (1992), observant qu'en 1986-1987 à Port Saint Louis, les activités en OBT des moules de surface (325 Bq.L^{-1}) étaient sept à huit fois plus élevées que celles des animaux de fond (43 Bq.L^{-1}), ont fait l'hypothèse que cet excès d'activité en tritium OBT était dû à l'excès d'activité en tritium OBT des eaux douces du Rhône qui s'écoulent en surface : le tritium organiquement lié se fixant, comme la majorité des polluants, sur les particules sédimentaires les plus fines, le sédiment de surface serait fortement enrichi en OBT par les biodépôts des moules. Ainsi se mettrait en place une contamination du sédiment superficiel susceptible de contribuer à l'augmentation de la concentration du tritium OBT dans les organismes marins. La forme selon laquelle le tritium est présent dans l'environnement peut donc jouer un rôle dans la teneur des organismes en OBT et en HTO et contribuer à expliquer les mesures réalisées sur les organismes marins mentionnés ci-dessus. Néanmoins, d'autres facteurs sont susceptibles d'intervenir.

Ainsi par exemple, Colins et Gravett (1995) ont exposé des choux pendant une courte durée au seul environnement atmosphérique des réacteurs nucléaires Magnox de Calder Hall (Cumbria) et AGR de Hinkley Point (Somerset) en Grande-Bretagne. Les rapports OBT/HTO ont été pour les deux sites de l'ordre de 1 ou inférieurs à 1 lors de l'arrêt des réacteurs (n = 7 et 4 respectivement), et de l'ordre de 2 après le redémarrage du second réacteur (n = 5). Notons qu'une étude conduite en 1991-1992 dans l'environnement du site de Marcoule concluait à un rapport OBT/HTO dans les feuilles de chêne (indicateurs de contamination atmosphérique) extrêmement variable (de 9.10^{-2} à 5) (Vrays et Descamps, 2001). Dans ces deux études, la teneur de l'air en gaz tritium et en vapeur d'eau tritiée constituerait une variable explicative privilégiée des fluctuations observées du rapport OBT/HTO.

De même, Boyer (2009) a étudié expérimentalement l'incorporation par la laitue du tritium atmosphérique sous forme d'eau tritiée, sous des conditions climatiques contrôlées et pendant des périodes relativement longues (jusqu'à 62 jours). La proportion du tritium incorporé sous forme d'OBT total dans ce végétal serait dans certaines conditions supérieure à 1. Le rapport entre le tritium de la vapeur atmosphérique et l'OBT des plants (facteur de concentration) serait d'environ 5. La période de plus forte intégration du tritium sous forme organique correspond à la phase de croissance exponentielle des végétaux. Un phénomène de bioaccumulation locale du tritium HTO dans la matière organique pourrait donc se manifester dans des conditions particulières d'exposition. L'auteur n'exclut toutefois pas l'hypothèse d'un artefact expérimental.

On remarque également que chez des bactéries (*Rhodopseudomonas spheroides*) contaminées par de l'eau tritiée, lorsque les cellules sont en croissance à la lumière, le tritium libre ne représente que 14,3 % de l'activité en tritium de l'organisme, le tritium non-échangeable représentant quant à lui 85,7 % de cette activité (il est lié aux lipides pour 18,4 %, aux acides nucléiques pour 24,8 % et aux protéines pour 42,5 %) (Inomata, 1983).

Dans une revue bibliographique portant sur la fraction organique du tritium chez les plantes et les animaux, Diabaté et Strack (1993) font quant à eux apparaître que l'activité de la fraction organique du tritium est supérieure à l'activité spécifique de l'eau tritiée corporelle, et attribuent ce phénomène d'enrichissement à l'absence d'état d'équilibre dans les conditions naturelles.

Plus généralement, si au Japon (Hisamatsu *et al.*, 1992) le rapport OBT/HTO dans l'alimentation est relativement faible (1,2 en moyenne), il serait voisin de 2 à 3 à New York (Bogen et Welford, 1976) et nettement supérieur en Europe, notamment en Italie (supérieur à 6,5) (Ingrao *et al.*, 1983).

En ce qui concerne les données disponibles chez l'homme, elles semblent indiquer un rapport OBT/HTO supérieur à 1. Ainsi, le rapport OBT/HTO dans les cartilages des côtes et du sternum de sujets Japonais est en moyenne de 1,6 (n = 18) (Hisamatsu *et al.*, 1992). Ce rapport varie entre 8 à 11 dans différents organes et tissus de sujets Japonais (cerveau, poumons, foie, reins, muscle, rate) (Aoki *et al.*, 1988). De même, le rapport des concentrations de tritium entre le sang (tritium total) et l'urine (HTO), habituellement considéré comme un bon indicateur de la contamination interne des sujets exposés, est voisin de 6 chez les Italiens (Belloni *et al.*, 1983) et d'environ 3 chez les Autrichiens (Irlwerck et Teherani, 1975), démontrant une rémanence du tritium organique.

En tout état de cause, les phénomènes impliqués sont complexes et requièrent la mise en œuvre d'études complémentaires.

Dans une perspective de modélisation des transferts, il est également intéressant de se pencher sur les activités massiques relatives des tritiums OBT et HTO dans les organismes et les milieux.

Ainsi, nous avons vu précédemment que dans la baie de Cardiff (Grande-Bretagne), plus de 85 % du tritium est présent sous forme organique (OBT) chez le poisson, le ver (*Arenicola maricola*), la moule (*Mytilus edulis*), l'algue (*Fucus vesiculosis*), ainsi que dans le *sédiment* (Pearce, 1999 ; Mc Cubbin *et al.*, 2001). Cette observation est cohérente avec les conclusions de Jenkinson (Cefas) (2009), selon lequel la forme OBT est largement dominante chez les organismes marins de l'environnement des sites de Cardiff, Sellafield et Hartlepool. Elle représente en effet 90 à 95 % de l'activité totale en tritium des organismes autour de Cardiff, 80 à 90 % de cette activité autour de Sellafield, et environ 70 % et 90 % respectivement de l'activité totale en tritium des moules et des bigorneaux autour de Hartlepool.

De même, la SEIVA a mesuré en 2004 des ratios OBT/HTO de l'ordre de 4,5 à 6 dans des pommes et dans des pommes de terre de l'environnement du site de Valduc, essentiellement contaminé par des rejets de tritium gazeux (n = 3 pour chaque type de matrice) (SEIVA, 2008a). En 2003, ce rapport est plus proche de 1 et plus variable pour les salades et les poireaux.

3.2. La bioamplification de la concentration en tritium le long des chaînes trophiques

D'après les modèles biocinétiques et comme cela a été rappelé précédemment[12], la forme sous laquelle le tritium est transféré aux organismes et la période biologique de celle-ci varient selon la forme initiale du tritium incorporé. La part de tritium transféré sous forme OBT serait plus importante lorsqu'il est ingéré sous forme OBT que lorsqu'il est ingéré sous forme de HTO, et sa période biologique serait supérieure à celle du tritium transféré sous forme HTO. Ces phénomènes seraient impliqués dans l'importance relative de la forme OBT mesurée dans les organismes après contamination (paragraphe 3.1), phénomène désigné

12. Paragraphe 3.1.

par le terme de bioaccumulation[13]. Ils seraient également susceptibles d'expliquer d'éventuels phénomènes de bioamplification[14].

De nombreuses publications signalent que la voie nutritionnelle est prépondérante sur la voie eau (Carsten, 1984 ; Takeda, 1991 ; Kirchman, 1978 ; Pietrzak-Flis *et al.,* 1978, 1982 ; Jeanmaire et Vernois, 1979 ; Mewissen *et al.,* 1979 ; Koranda et Martin, 1971 ; Rodgers, 1986 ; Komatsu *et al.* 1981...)[15]. De même, Kirchmann *et al.* (1971) constatent que lorsque des prairies sont contaminées par du tritium, l'incorporation du tritium dans la matière organique du *lait* est dix fois plus élevée que lorsque la voie de contamination est l'eau d'abreuvage. Les vitesses d'incorporation sont aussi différentes : rapide dans le cas de la voie directe, plus lente par l'intermédiaire de l'herbe, le maximum étant obtenu dans ce cas en 4 jours. Cette étude confirme la réalité de cinétiques d'assimilation différentielles de OBT et HTO à un premier niveau trophique. Le rapport des activités spécifiques OBT du lait et du foin ingéré est plus élevé que le rapport des activités spécifiques OBT du lait et de l'eau tritiée ingérée[16]. Concernant un éventuel phénomène de bioamplification entre l'aliment et le lait, les données fournies par les auteurs conduisent à penser que le coefficient de transfert du tritium entre le foin et le lait pourrait être de l'ordre de 1. Dans le même ordre d'idées, des vaches ont été nourries pendant 4 semaines avec du foin contenant du tritium sous forme organiquement liée (OBT). 450 jours plus tard (soit deux périodes de lactation), l'activité spécifique du tritium à l'équilibre dans la caséine, le lactose et l'eau du lait n'est que de 58, 10 et 11 % respectivement de celle mesurée dans les lipides du lait (Van Den Hoek *et al.*, 1985). 97 % du tritium trouvé dans la caséine et les lipides est du tritium organiquement lié. Dans le lait, 50 % du tritium est lié aux organites et 50 % sous forme HTO. La demi-vie du tritium lié à la caséine et aux graisses est d'environ 3 mois. Le tritium ingéré est donc principalement retenu par les animaux sous forme organique. Par ailleurs, l'activité spécifique relative[17] du tritium à l'équilibre dans les lipides, la caséine, le lactose et l'eau du lait est respectivement de 0,84, 0,49, 0,05 et 0,10 (Van Den Hoek *et al.*, 1985). Elle

13. La bioaccumulation désigne l'accumulation de substances données par les organismes aquatiques ou terrestres, directement à partir de l'eau, de l'air voire du sol et/ou à partir de nourriture contaminée (note 1).

14. La bioamplification désigne l'augmentation de la concentration d'une substance dans les organismes avec leur niveau trophique.

15. *Cf.* paragraphes 1.1 à 1.3.

16. S'agissant du tritium, l'activité spécifique est définie comme le rapport de l'activité du tritium de l'échantillon sur la masse totale des isotopes stables de l'hydrogène contenus dans cet échantillon (hydrogène et deutérium, ce dernier étant en général négligé).

17. L'activité spécifique relative est le rapport de l'activité spécifique du prédateur sur l'activité spécifique de la proie.

est donc inférieure à 1. Dans le cas de l'administration de poudre de lait tritiée Kirchman *et al.* (1977) font quant à eux état d'activités spécifiques relatives en tritium organiquement lié compris entre 0,15 et 0,44, selon l'animal (veau ou porc) et les organes (reins, poumons, foie) et tissus (muscle) considérés. Pareillement, des lapins ont été régulièrement abreuvés avec de l'eau tritiée et nourris avec un aliment contaminé par du tritium. L'activité spécifique en tritium dans les fractions aqueuse et organique des animaux est restée sensiblement identique à celle de l'eau et de l'aliment incorporés, témoignant à l'équilibre d'une absence de concentration préférentielle du tritium (Moghissi *et al.,* 1987 ; 1988). Dans aucune de ces trois études on ne peut conclure à un phénomène de bioamplification. Ces études ne portant que sur deux niveaux trophiques, les conclusions qu'elles autorisent sont cependant limitées.

L'étude de Komatsu *et al.* (1981) présentée plus haut porte quant à elle sur trois niveaux trophiques. Rappelons que dans cette étude, le transfert du tritium sous forme d'OBT dans les organismes d'une *chaîne trophique* : diatomées (*Chaetoceros gracilis*) – artémies (*Artemia salina*) – poissons (*Oryzias latipes*), est nettement plus importante lorsque le vecteur de contamination est l'eau tritiée accompagnée de nourriture tritiée que lorsqu'il s'agit uniquement d'eau tritiée. Cet accroissement est 1,5 fois plus important chez les poissons (troisième niveau trophique) que chez les artémies (deuxième niveau trophique). On pourrait conclure à un phénomène de bioamplification. Néanmoins et pour plusieurs raisons, les auteurs se montrent réservés sur une telle conclusion.

Peu d'études sont aujourd'hui disponibles sur la question d'un éventuel phénomène de bioamplification le long des chaînes trophiques. Il convient en outre d'émettre un certain nombre de réserves sur les études présentées précédemment. Tout d'abord, elles portent sur un nombre limité de niveaux trophiques et ne permettent pas de faire apparaître l'évolution des activités relatives prédateur/proie tout au long d'une chaîne trophique. Ensuite, la variété des protocoles expérimentaux mis en œuvre (conditions climatiques, stade de développement des organismes…) sont susceptibles d'influer sur l'assimilation et la rémanence du tritium dans les organismes étudiés. Au demeurant, ces études se déroulent sur des périodes de temps extrêmement courtes, alors que la contamination nutritionnelle est un processus chronique se poursuivant durant toute la vie. Les mesures *in situ* sont, à cet égard, relativement réalistes, mais les rares études de ce type qui sont disponibles portent sur des organismes qui ne présentent *a priori* aucun lien de proie à prédateur[18]. En outre, l'utilisation de l'activité spécifique du tritium comme unité de mesure du facteur de bioaccumulation n'est pas l'unité la plus

18. *Cf.* par exemple paragraphe 2.4.

appropriée pour étudier ce phénomène. Enfin, il convient de garder à l'esprit que la concentration moyenne dans l'ensemble d'un organisme peut masquer des accumulations sélectives dans certains organes ou tissus. Cela est particulièrement pertinent concernant le tritium organiquement lié.

Au regard des travaux présentés ci-dessus, l'existence d'un éventuel phénomène de bioamplification n'est donc ni établi ni formellement exclu. Au demeurant, il convient de préciser qu'une partie des molécules organiques renfermant du tritium remplit les conditions indispensables pour qu'un phénomène de bioamplification apparaisse (la molécule doit avoir un caractère hydrophobe, un caractère polaire faible, ainsi qu'une biotransformation élevée avec formation de métabolites stables et bioaccumulables ou au contraire une biotransformation faible entraînant une bioaccumulation forte de la molécule-mère, Norstrom et Letcher, 1997).

4. Conclusion

Plusieurs tendances se dégagent des données présentées ci-dessus, qui concernent la mobilité du tritium, sa disponibilité et son transfert entre les différents compartiments de l'environnement et au sein de ceux-ci.

4.1. Sur la mobilité du tritium

Il s'avère d'une part que le tritium gazeux (HT) est peu assimilé quels que soient les organismes et que d'autre part, l'assimilation du tritium est rapide, avec des vitesses variables selon la voie d'incorporation et *in fine* la forme du tritium (OBT < HTO).

Il semble ensuite que les formes HTO et OBT du tritium soient assimilées de manière différentielle selon les organismes. En effet, le tritium incorporé sous forme HTO serait métabolisé majoritairement en HTO par les végétaux terrestres après aspersion et par un organisme aquatique tel que la truite arc-en-ciel[19], mais en OBT par les producteurs primaires d'eau douce et vraisemblablement les bactéries. Le tritium incorporé sous forme OBT serait quant à lui métabolisé majoritairement en OBT par la truite arc-en-ciel et par les animaux terrestres[20].

19. De même chez l'homme, *cf.* chapitre 6.
20. À noter pour le tritium incorporé par l'homme sous forme OBT, une assimilation à parts égales en OBT et en HTO, *cf.* chapitre 6.

Par ailleurs et quelle que soit la forme sous laquelle il est incorporé, la part de tritium qui sera intégrée à la matière organique peut varier de manière considérable non seulement selon le règne (végétal ou animal) et l'espèce, mais également selon la partie et le tissu de l'organisme considérés.

Les observations ont des implications à trois niveaux.

Tout d'abord, on observe des coefficients de transfert différentiels (variation d'environ un ordre de grandeur) selon la forme sous laquelle le tritium a été ingéré (OBT >> HTO).

Par ailleurs, le rapport OBT/HTO varierait d'un facteur $\simeq 4$ chez les organismes marins selon leur mode d'exposition au tritium. Il serait très variable (jusqu'à plusieurs ordres de grandeur) dans certains organismes terrestres exposés à un environnement atmosphérique susceptible d'être contaminé. Si dans certaines études ce rapport est inférieur à 1, il semblerait néanmoins dans une majorité d'entre elles être supérieur à 1. Certains auteurs qualifient ce phénomène de « rémanence ». Il témoigne en effet notamment du fait que le temps de vie biologique du tritium organiquement lié est nettement plus long que celui de l'eau tritiée. Toutefois, l'irradiation qui en résulte est significativement plus importante, en particulier au niveau des molécules biologiques dont certaines assurent dans l'organisme des fonctions vitales[21].

Enfin, les facteurs de concentration du tritium (activité des organismes aquatiques rapportée à activité de l'eau contaminée) seraient très variables (d'un facteur 1 à 10^4 selon les organismes et la forme du tritium présent dans le milieu, OBT >> HTO). Les données mentionnées pourraient suggérer une augmentation du facteur de concentration avec le niveau de complexité des organismes.

L'ensemble de ces éléments n'est pas incompatible avec un phénomène de bioamplification du tritium le long de certaines chaînes trophiques, dans un contexte de surcroît où une partie des molécules organiques renfermant du tritium remplit les conditions nécessaires à son apparition. Cette question est néanmoins insuffisamment documentée.

Ces deux questions, qui ont des implications importantes non seulement du point de vue scientifique mais également en termes de radioprotection, doivent faire l'objet d'études plus approfondies.

21. *Cf.* chapitre 6.

4.2. Sur l'état radiologique de l'environnement

Si on observe en France une décroissance importante des activités en tritium mesurées dans l'environnement des sites intéressant la Défense, ces activités se situent fréquemment pour l'ensemble des sites nucléaires au-dessus des activités considérées comme représentatives du bruit de fond. Cette augmentation varie d'un facteur $10^1/10^2$ à $10^3/10^4$ selon les sites, les milieux (atmosphérique, terrestre et aquatique) et les organismes considérés, ainsi qu'en fonction de divers paramètres tels que la distance au site, la rose des vents ou les caractéristiques des échantillons prélevés. Elle peut atteindre dans l'environnement d'anciens sites d'expérimentation nucléaire ou de certains sites nucléaires civils, une valeur de l'ordre de 10^5 à 10^8, témoignant de très fortes contaminations par le tritium.

Les mesures réalisées dans les diverses études portant souvent sur différentes formes du tritium, il peut néanmoins être difficile de les mettre en perspective.

En conclusion, si le tritium libre sous forme d'eau tritiée témoigne d'une très forte mobilité, le tritium organiquement lié a au contraire une période biologique nettement plus longue, et semble manifester une tendance à la bioaccumulation dans les organismes vivants. Dans le contexte notamment d'une contamination des différents compartiments de l'environnement par le tritium supérieure de plusieurs ordres de grandeur au bruit de fond naturel, il est important de pouvoir disposer des outils qui permettent de mesurer l'activité des différentes formes de tritium et d'en modéliser le transfert dans l'environnement. Cet aspect fait l'objet des chapitres 1 et 5.

Annexes du chapitre 4

Annexe 1

Prescriptions réglementaires en matière de marquage du milieu récepteur par les sites nucléaires français

Le marquage du milieu récepteur par les rejets de l'installation est réglementé pour le site nucléaire de La Hague (milieux atmosphérique et marin), pour les CNPE (milieux atmosphérique et aquatique) et pour plusieurs INBS (milieux atmosphérique et éventuellement aquatique).

En ce qui concerne les CNPE, à puissance installée égale et pour des conditions de rejet similaires (rejet en rivière ou en mer), les autorisations présentent des variabilités (ainsi le marquage autorisé pour le CNPE de Golfech double du marquage autorisé pour le CNPE de Cattenom, ou le marquage autorisé supérieur d'un facteur 1,6 au CNPE du Blayais à ce qu'il est pour le CNPE de Gravelines).

Des exemples de prescriptions réglementaires en matière de marquage du milieu récepteur par l'installation sont présentés dans le tableau 2.

Tableau 2. Prescriptions réglementaires en matière de marquage du milieu récepteur par l'installation – Quelques exemples.

Milieux / CNPE	Milieu atmosphérique	Milieu aquatique$^{(2)}$			
			Activité mesurée (aval du site)		
			Activité maximale $^{(3)}$	Valeur d'alerte $^{(4)}$	
	Activité maximale mesurée$^{(1)}$	Activité maximale ajoutée calculée	À mi-rejet	Pendant le rejet	Hors rejet
CNPE Cattenom[a] (4 × 1 300 MWe)	50 Bq.m^{-3}	80 Bq.L^{-1}	280 Bq.L^{-1}	140 Bq.L^{-1}	100 Bq.L^{-1}
CNPE Golfech[b] (2 × 1 300 MWe)	50 Bq.m^{-3}	80 Bq.L^{-1}	280 Bq.L^{-1}	140 Bq.L^{-1}	100 Bq.L^{-1}
CNPE Chinon[c] (4 × 900 MWe + autres INB)	50 Bq.m^{-3}	80 Bq.L^{-1}	290 Bq.L^{-1}	145 Bq.L^{-1}	100 Bq.L^{-1}
CNPE Saint-Laurent-des-Eaux[d] (2 × 900 MWe + autres INB)	50 Bq.m^{-3}	80 Bq.L^{-1}	/	/	/
CNPE Blayais[e] (4 × 900 MWe)	50 Bq.m^{-3}	800 Bq.L^{-1}	1 800 Bq.L^{-1}	900 Bq.L^{-1}	100 Bq.L^{-1}
CNPE Gravelines[f] (6 × 900 MWe)	50 Bq.m^{-3}	800 Bq.L^{-1}	1 800 Bq.L^{-1}	900 Bq.L^{-1}	100 Bq.L^{-1}
Autres types de sites					
Centre d'études de Bruyères-le-Châtel[g]	40 Bq.m^{-3}	20 Bq.L^{-1}	/		
Site nucléaire de La Hague[h]	8 Bq.m^{-3}	4000 Bq.L^{-1} (eau de mer)	/		
Site de stockage des déchets FMA-VC de l'Aube[i]	/	/			

a. Arrêté du 23 juin 2004.
b. Arrêté du 18 septembre 2006.
c. Arrêté du 20 mai 2003 modifié par arrêté du 17 août 2005.
d. Arrêté du 02 février 1999 modifié par arrêté du 21 février 2006.
e. Arrêté du 18 septembre 2003.
f. Arrêté du 07 novembre 2003.
g. Arrêté du 3 mai 1995.
h. Arrêté du 10 janvier 2003, modifié par arrêté du 08 janvier 2007.
i. Arrêté du 21 août 2006.

(1) Valeur hebdomadaire après dispersion au niveau du sol (à 1 km du point de rejet) (Saint-Laurent-des-Eaux et Bruyères-le-Châtel : ajoutée calculée).
(2) Après dilution.
(3) Mesurée sur eau filtrée/échantillon horaire (CNPE Gravelines et site de Chinon : non précisé).
(4) Mesurée sur échantillon d'eau moyen quotidien (sauf site Chinon : échantillon moyen hebdomadaire.

Annexe 2

Les prescriptions réglementaires en matière de surveillance du tritium dans les milieux atmosphérique et terrestre

On observe une grande variabilité des exigences réglementaires en matière de surveillance du tritium dans les milieux atmosphérique et terrestre, tant sur les plans qualitatif que quantitatif.

Par ailleurs, la surveillance du tritium organiquement lié n'est pas requise. Elle est même dans certains cas exclue (mesure de tritium prescrite sur eau filtrée).

Tableau 3. Prescriptions réglementaires en matière de surveillance du tritium dans les milieux atmosphérique et terrestre – Quelques exemples.

Milieux atmosphérique et terrestre / Type d'installation	Air[1]	Eau de pluie[1]	Eau superficielle stagnante	Produits	
				Végétaux[3] Lait	Principales productions agricoles
Les centres de la Direction des applications militaires (DAM) *Centre de Bruyères-le-Châtel*[a]	hebdomadaire	hebdomadaire(2)	mensuelle (2)	mensuelle (2)	/
Les centres nucléaires de production d'électricité *CNPE de Golfech*[b] (2 × 1 300 MWe)	hebdomadaire	mensuelle	/	/	/
Les centres de retraitement des combustibles irradiés (et autres activités) *Site nucléaire de La Hague*[c]	hebdomadaire	hebdomadaire	/	mensuelle	annuelle
Les sites de stockage des déchets FMA-VC *Site de l'Aube*[d]	hebdomadaire	hebdomadaire	/	annuelle	annuelle(3)(4)

a. Arrêtés du 3 mai 1995.
b. Arrêté du 18 septembre 2006.
c. Arrêté du 10 janvier 2003, modifié par arrêté du 08 janvier 2007.
d. Arrêté du 21 août 2006.

(1) Sur prélèvements continus, dont un au moins sous les vents dominants (nombre de stations variable).
(2) Arrêté d'autorisation peu explicite.
(3) Nature non précisée.
(4) Dont bio-indicateurs (champignons).

/ : absence de prescription.

Tableau 4. Prescriptions réglementaires en matière de surveillance du tritium dans le milieu aquatique – Quelques exemples.

Milieu aquatique / Type d'installation	Eaux superficielles	Écosystème aquatique	Eaux souterraines	Eaux de consommation	Sédiments
Les centres de la direction des Applications militaires (DAM) *Centre de Bruyères-le-Châtel*[a]	hebdomadaire(1) (rivière)	annuelle(1) (2) (rivière)	mensuelle(1) (nappe)	/	annuelle(1)
Les centres nucléaires de production d'électricité *CNPE de Golfech*[b] (2 × 1 300 MWe) (circuit fermé : rejet en rivière)	à mi-rejet(3) (échant. horaire) pendant le rejet hors rejet (échantillons journaliers moyens)	/	mensuelle(3)	/	/
Les centres de retraitement des combustibles irradiés (et autres activités) *Site nucléaire de La Hague*[c] *	**Eau de mer** quotidienne(4) (marée montante) mensuelles(4) (échantillons moyens) trimestrielle(5) (échantillons ponctuels) **Eaux douces** hebdomadaire (4 ruisseaux) semestrielle (15 sources et ruisseaux)	/ trimestrielle (3 ruisseaux) (6)	mensuelle	mensuelle (stations) trimestrielle (forages)	/
Les sites de stockage des déchets FMA-VC *Site de l'Aube*[d]	hebdomadaire/ mensuelle (aval) mensuelle (amont) (échantillons ponctuels) (3)	/	mensuelle (nappe superficielle) annuelle (nappe profonde) (3)	/	annuelle(7)

a. Arrêtés du 3 mai 1995.
b. Arrêté du 18 septembre 2006.
c. Arrêté du 10 janvier 2003, modifié par arrêté du 08 janvier 2007.
d. Arrêté du 21 août 2006.

(1) Arrêté d'autorisation peu explicite.
(2) Végétaux + poissons (nature non précisée).
(3) Eau filtrée.
(4) Prélèvements côtiers + à 50 m du point de rejet en surface et à mi-profondeur.
(5) Prélèvements au large.
(6) Végétaux, nature non précisée.
(7) « Principaux radioéléments présents dans les déchets stockés ».

* Surveillance **réseaux eaux pluviales** quotidienne et bimensuelle selon les réseaux (échantillons moyens).

/ : absence de prescription.

Chapitre 5

Modélisation du transport de tritium dans l'environnement

Bernard Caussade

1. Introduction

La modélisation du transfert de tritium (^{3}H) dans l'environnement ne diffère en rien des approches développées, dans un passé récent, pour les substances chimiques servant de traceurs dans les études d'impact portant sur la qualité de l'eau, de l'air et des sols, face aux pollutions de type industriel, urbain et agricole.

Pour un domaine spatial considéré, le transfert de ^{3}H dans la biosphère peut se mettre sous la forme d'une équation de bilan des entrées et des sorties de cet élément. Cette équation fait clairement apparaître les différents sous-modèles qui entrent dans l'organisation du modèle de transfert, leur importance hiérarchique et leurs interdépendances. Il est à noter que la température n'apparaît pas de manière explicite dans cette équation de bilan, mais sa connaissance est indispensable à cause de l'influence importante qu'elle exerce sur les transformations biogéochimiques.

Cette équation exprime que : la *variation totale de* ^3H = ^3H *entrant* (rejets de ^{3}H, fixation atmosphérique[1], pluie, eau d'irrigation) – ^3H *sortant* (voie gazeuse, réseau hydrographique, plantes, récoltes, animaux, hommes) – *variations de* ^3H dues à l'absorption (par les végétaux, les animaux et les humains) – *variations de* ^3H *dues à l'inhalation* (par les animaux et les humains) +/- *variations de* ^3H *dues aux transformations biogéochimiques*.

En termes de ***flux*** et après regroupement des termes, cette relation permet d'écrire :

$$\frac{\Delta^3 H}{\Delta t} = \Phi^1_{Pluie} + \Phi^2_{Atmosphère} + \Phi^3_{Rejets} + \Phi^4_{Divers} \pm \Phi^5_{Transformations\ biogéochimiques}$$
$$-\Phi^6_{Réseau\ hydrographique} - \Phi^7_{Dispersion\ atmosphérique} - \Phi^8_{Végétaux} - \Phi^9_{Animaux} - \Phi^{10}_{Humains}$$

où les différents flux Φ sont explicités à partir des sous-modèles suivants : Φ^1, modèle du cycle de l'eau ; Φ^2, modèle de circulation atmosphérique ; $\Phi^1 + \Phi^2 + \Phi^3 + \Phi^4 + \Phi^5$, modèle des transformations biogéochimiques (cycle de l'hydrogène, dont ^{3}H est un isotope) ; Φ^6 et Φ^7, modèles de transfert dans les milieux ; Φ^8, modèle d'absorption par les plantes ; Φ^9 et Φ^{10}, modèles d'absorption et d'inhalation par les animaux et les hommes.

Bâtir un modèle à l'échelle de la biosphère pour exprimer ces différents flux est une affaire d'une grande complexité. Néanmoins, il existe des exemples d'application dans la littérature scientifique concernée. En effet, moyennant quelques simplifications, parfaitement justifiées au plan de la physique et des mathématiques, les sous-modèles de circulation atmosphérique et du cycle de l'eau sont bien maîtrisés. Il en est de même des sous-modèles de transfert dans les milieux et des transformations biogéochimiques. Les sous-modèles qui posent de réels problèmes aujourd'hui concernent l'absorption par les végétaux, les animaux et les hommes. Cela provient de la connaissance tout à fait fragmentaire que l'on a des phénomènes mis en jeu. De plus, il est courant de limiter les domaines d'étude à un seul milieu : l'atmosphère ou le système eau-sol superficiel, avec des phénomènes interfaciaux (sol-atmosphère, sol-eau, atmosphère-eau) réduits à des échanges physico-chimiques simplifiés.

1. Désigne la fixation et/ou la dilution des polluants sur des particules solides ou dans des aérosols.

2. Principes de modélisation du transport de polluants dans l'environnement

Les mécanismes de transport, dans les eaux de surface, dans les sols et dans l'atmosphère, des rejets de polluants et en particulier de tritium, peuvent être modélisés, bien que l'état actuel de la connaissance des phénomènes mis en jeu ne soit pas complètement satisfaisant. C'est-à-dire que des modèles mathématiques peuvent être établis, validés par comparaison avec des mesures faites dans l'environnement et utilisés pour simuler des situations particulières.

Un ***modèle*** est basé sur le principe d'imitation de l'objet étudié. C'est donc une représentation simplifiée de la réalité ; c'est donc aussi le reflet des conceptions du modélisateur. Son champ d'application est limité car pour un même objet, on peut concevoir toute une série de modèles. Mais*, seuls* les ***modèles dynamiques*** sont explicatifs car basés sur des théories physiques exprimées sous forme de relations mathématiques.

Un modèle est constitué :

- d'un ensemble de variables mesurables pour représenter l'objet ;
- d'un ensemble de relations mathématiques pour représenter son fonctionnement.

Ainsi, toute variation temporelle d'une variable, à l'intérieur du système, provient :

- des processus de transfert (flux) qui forcent les échanges entre le système et son environnement ;
- des processus de transformation (sources et puits) qui fixent les échanges à l'intérieur du système[2].

Cette variation temporelle est liée à l'existence, dans le système, d'un certain déséquilibre qui provoque des processus tendant à le réduire :

- par le gradient d'un potentiel à la valeur à l'équilibre, dans le cas des transferts ;
- par l'écart[3] d'un potentiel à la valeur à l'équilibre, dans le cas des transformations.

Ces *gradients* ou *écarts* sont des *causes* et les *flux* correspondants des *effets*.

2. « Sources » désigne les voies de libération et « puits » les voies de séquestration du polluant. Ces processus de transformation sont imposés par des lois.

3. Contrairement au gradient, l'écart désigne une simple différence entre deux valeurs.

Dans les modèles dynamiques, trois grands types de relations unissent les variables d'état :

– des relations de définition (par exemple l'expression du débit d'eau à travers la section de l'écoulement) ;
– des relations de bilan (par exemple les équations de conservation de la masse et de la quantité de mouvement) ;
– des relations phénoménologiques (relations entre la « cause » et « l'effet » : par exemple gradient de température et flux de chaleur).

Ces relations sont exprimées sous forme d'***équations aux dérivées partielles***.

Cette formulation locale permet de calculer l'évolution du système en tout point et à tout instant.

Pour appliquer un modèle dynamique, il faut :

– déterminer la valeur des caractéristiques du système (paramètres du modèle) ;
– préciser les conditions imposées à l'évolution du système (conditions initiales et aux limites) ;
– choisir une méthode de résolution numérique.

2.1. Application au transport de polluants en rivière

En prenant pour exemple le transport en rivière, nous allons expliciter ce qui vient d'être dit, sachant, comme nous le verrons plus loin, que les mêmes principes prévalent pour le transport dans les sols et dans la couche limite atmosphérique.

2.1.1. Principaux processus

Les principaux ***processus physiques*** qui interviennent sont l'*advection* et la *dispersion* (voir les figures 1 et 2). Les effets combinés spatiaux et temporels de l'advection et de la dispersion sont décrits par *l'équation fondamentale de conservation de la masse*. Mais d'autres processus peuvent avoir une certaine importance comme les apports latéraux et le stockage transitoire.

Le flux est défini comme étant la masse de soluté (polluant en solution) traversant une unité de surface par unité de temps. Ainsi, le flux advectif est le produit de la vitesse d'advection par la concentration de soluté et le flux dispersif est donné par la loi de Fick qui gouverne le transport de masse par diffusion. Cette loi dit que le flux de masse, dû à la diffusion moléculaire, est proportionnel au gradient de concentration. Elle est utilisée par analogie pour décrire le flux dispersif.

L'équation de conservation s'écrit donc :

$$\frac{\partial c}{\partial t} = -U\frac{\partial c}{\partial x} + D_L\frac{\partial^2 c}{\partial^2 x} \qquad \text{(équation 1)}$$

où c est la concentration du soluté ; t le temps ; x la coordonnée longitudinale ; U la vitesse de l'écoulement et D_L le coefficient de dispersion suivant l'axe x.

Pour simplifier l'écriture, on a négligé les flux suivant les axes y et z et on a considéré que le coefficient de dispersion était constant et l'écoulement stationnaire (autrement dit en régime permanent pour lequel la vitesse en tout point est indépendante du temps).

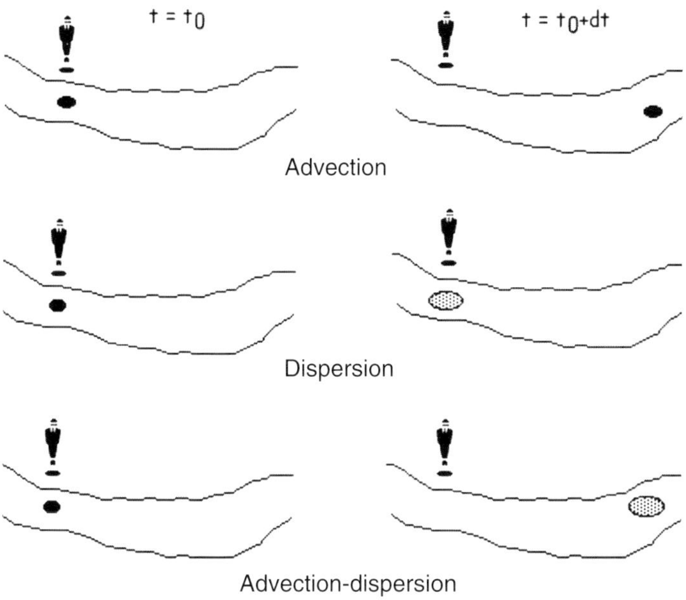

Figure 1. Les processus physiques de transport dans un écoulement de type rivière.

Si le coefficient de dispersion n'est pas constant (ce qui est pratiquement toujours le cas) alors l'équation de conservation (1) s'écrit :

$$\frac{\partial c}{\partial t} = -U\frac{\partial c}{\partial x} + \frac{1}{A}\frac{\partial}{\partial x}\left[AD_L\frac{\partial c}{\partial x}\right] \qquad \text{(équation 2)}$$

où A est la surface de la section de l'écoulement.

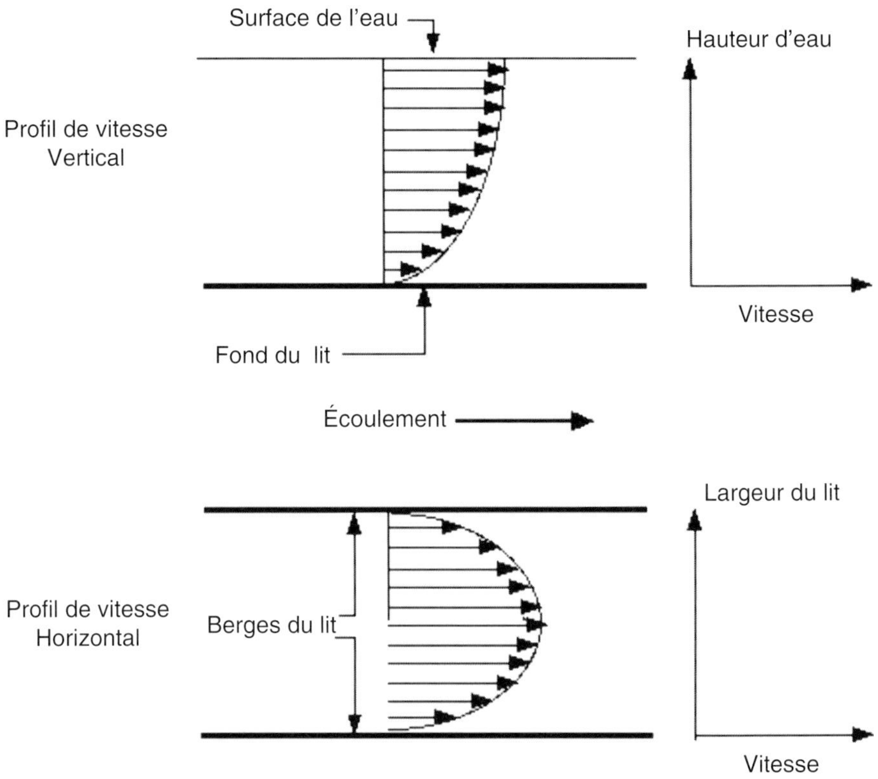

Figure 2. La dispersion dans un écoulement de type rivière. Ce sont ces variations de vitesse qui provoquent les processus de mélange, « moteur » de la dispersion (avec la diffusion moléculaire).

À côté des processus physiques, une grande variété d'autres processus peuvent participer aux variations de concentration d'un soluté donné. Ainsi, la concentration d'un produit lâché dans un écoulement décroît sous l'effet de : l'absorption, l'adsorption, l'oxydoréduction, la volatilisation, l'hydrolyse, la biodégradation et d'autres processus biochimiques.

Les ***processus géochimiques***, qui contribuent au « transport », sont abordés suivant deux approches :

– soit de type cinétique chimique (si la réaction est « lente ») ;

– soit de type équilibre chimique (si la réaction est « rapide »).

Si la réaction est lente, une loi donne la valeur de la vitesse de réaction. Si la réaction est rapide, c'est l'équilibre chimique qui est adopté, et dans ce cas les vitesses de disparition ou d'apparition des produits sont égales.

Les ***processus biologiques***, qui contribuent aussi au transport, sont abordés de la même manière.

L'analyse quantitative des ***couplages*** hydrologiques et géochimiques (ce serait la même chose pour un couplage avec les processus biologiques) peut être faite en ajoutant des termes à l'équation d'advection-dispersion (2), ce qui donne :

$$\frac{\partial c}{\partial t} = -U\frac{\partial c}{\partial x} + \frac{1}{A}\frac{\partial}{\partial x}\left[AD_L\frac{\partial c}{\partial x}\right] - \rho\lambda(K_d c - S) \qquad \text{(équation 3)}$$

où ρ est la masse volumique de l'eau ; λ le taux de réaction (généralement du 1er ordre) ; Kd le coefficient de répartition entre phases absorbée et adsorbée ; S la masse adsorbée.

L'équation (3) est *l'équation d'advection-dispersion-réaction*. Les nouveaux termes sont dits *sources* et *puits* (de polluant dont on suit la concentration dans l'eau).

Cette équation permet donc de suivre, dans le temps et dans l'espace, l'évolution de la concentration d'un polluant dans une rivière (on suivrait de la même façon l'évolution de scalaires comme la température ou la salinité de l'eau). À condition de connaître la valeur des différents coefficients et notamment du coefficient de dispersion, mais aussi de la vitesse. C'est une variable du modèle qui ne peut s'obtenir, en écoulement instationnaire (c'est-à-dire dépendant du temps, ce qui est pratiquement toujours le cas dans la nature), qu'à partir d'un modèle hydrodynamique.

Aujourd'hui, même avec les ordinateurs de type PC, la résolution de l'équation (3) ne pose pas de réel problème tant au plan mathématique qu'au plan numérique. Nous avons à faire à un modèle 1D, c'est-à-dire à une seule dimension spatiale suivant l'axe longitudinal qui est le sens de l'écoulement. Un tel modèle 1D suppose que le modélisateur a pratiqué une intégration spatiale sur la section de l'écoulement. Donc, une seule valeur est calculée en chaque point de l'axe longitudinal, elle représente une valeur moyenne sur la section. Les choses se compliquent en 2D, c'est-à-dire quand l'intégration est faite, par exemple, sur la seule largeur de l'écoulement ; et encore un peu plus en 3D. Mais « on sait » toujours résoudre le modèle avec une très bonne précision.

Là où le bât blesse, c'est pour obtenir les données nécessaires à la détermination des valeurs des différents paramètres qui apparaissent dans l'équation (3). Notamment en ce qui concerne la valeur du coefficient de dispersion longitudinale. On imagine que le problème est encore plus compliqué en 2D et surtout en 3D.

2.1.2. Modélisation de l'hydrodynamique

Le but est de suivre le mouvement local moyen des molécules constituant le fluide. C'est une affaire délicate. Pourtant, ce type de description est extrêmement utile lorsque l'on veut étudier les phénomènes d'advection de contaminants, comme des éléments radioactifs disséminés dans des écoulements, qui suivent les trajectoires des particules fluides.

La dynamique dans un fluide newtonien (c'est-à-dire dont la viscosité est indépendante de la vitesse et de la température) et incompressible (c'est-à-dire lorsque la masse volumique reste constante, c'est le cas de l'eau mais aussi de la plupart des écoulements subsoniques donc à faible nombre de Mach) est décrite par l'équation de Navier-Stokes. Cette relation vectorielle (comprenant trois équations scalaires, c'est-à-dire une dans chaque direction du référentiel), couplée à l'équation de conservation de la masse (équation qui traduit l'incompressibilité du fluide), permet de calculer la pression et les trois composantes de la vitesse dans tout le fluide et à tout instant pour des conditions aux limites données. Ceci, c'est pour la théorie ; car, en pratique, la résolution de l'équation de Navier-Stokes pose des problèmes mathématiques très difficiles à résoudre, notamment du fait de sa très forte non-linéarité. De plus, quand la vitesse (ou le nombre de Reynolds, Re) augmente, l'écoulement devient de plus en plus complexe avec l'apparition du phénomène de turbulence. C'est ainsi que pour les écoulements turbulents, le champ de vitesse échappe au déterminisme et les prédéterminations deviennent difficiles. La modélisation de tels écoulements, que l'on rencontre par exemple en hydrodynamique et en météorologie, doit être abordée sous l'angle statistique.

Face à ces difficultés et pour pouvoir résoudre le problème, le modélisateur est amené à faire des simplifications à condition qu'elles soient justifiées aussi bien au plan mathématique qu'au plan de la physique des phénomènes mis en jeu. C'est ainsi qu'il existe aujourd'hui toute une série de codes de calcul pour aborder la résolution des modèles hydrodynamiques.

Pour choisir le modèle le mieux adapté au problème posé il faut prendre en compte le type de polluant que l'on souhaite suivre (réactif ou pas), évaluer le temps moyen pendant lequel on veut suivre le polluant (*e.g.* court terme ou long terme), caractériser le domaine d'étude (*e.g.* écoulement de type fluvial ou de type torrentiel, géométrie compliquée, dimensions de l'écoulement, période de crue ou d'étiage sévère, etc.) et tenir compte de la puissance de calcul de l'ordinateur dont on dispose. Ainsi, pour évaluer le devenir d'une quantité donnée de polluant :

- 100 km en aval de son point de déversement, en période de débit moyen, un modèle 1D suivant l'axe de l'écoulement sera suffisant ;

– au droit d'un barrage au fil de l'eau, à quelques kilomètres en aval de son point de déversement, il sera nécessaire de regarder ce qui se passe aussi sur la hauteur d'eau, donc un modèle 2D vertical sera bien adapté ;
– la même situation que la précédente mais avec stratification en température (ou en salinité), il faudra utiliser par exemple (et à défaut d'un modèle 3D) un modèle 2,5D, c'est-à-dire un modèle 2D plan appliqué sur quelques couches d'eau réputées quasi homogènes ; etc.

Le modèle 1D classique est dit « modèle de Saint-Venant ». En négligeant certains termes de l'équation de quantité de mouvement, on obtient les modèles d'onde dynamique et d'onde diffusante, largement appliqués aujourd'hui à des écoulements quasi-permanents, dont l'advection est négligeable devant les autres forces considérées (frottement, gravité, pression). Des codes de calcul ont été développés en 2D, ils sont utilisés couramment. En 3D, ils restent des outils de recherche ou pour explorer des phénomènes à petite échelle.

2.1.3. Exemples de modèles de dispersion en rivière de rejets liquides faiblement radioactifs

Le modèle Crescendo (EDF-R&D) permet d'évaluer les concentrations de radionucléides sous forme dissoute, particulaire ou dans les sédiments.

Crescendo est constitué de trois sous-modèles couplés :

– le sous-modèle Hydrodynamique LIDO : sous-modèle Saint-Venant 1D ;
– le sous-modèle de transport Tracer : sous-modèle 1D de transport et dispersion de substances dissoutes ou solides ;
– le sous-modèle d'Échange : sous-modèle des échanges de radionucléides entre phases dissoute et particulaire.

Ce modèle a été appliqué sur 350 km du cours de la Loire où EDF exploite cinq centrales nucléaires. Les concentrations journalières en tritium mesurées à Angers, ville située 60 km en aval du dernier rejet, ont été comparées avec les valeurs calculées (Siclet *et al.*, 2002). Comme l'indique la figure 3 la comparaison entre mesures et calculs montre que ce type de modèle donne des résultats tout à fait satisfaisants.

Cette étude a aussi permis d'appliquer le modèle Calvados qui est un modèle dynamique de la chaîne alimentaire qui permet d'évaluer l'impact radiologique des rejets radioactifs en rivière, c'est-à-dire d'évaluer les doses reçues par le public. Il est à noter que la dose la plus forte pourrait être attribuée au tritium, par ingestion d'eau.

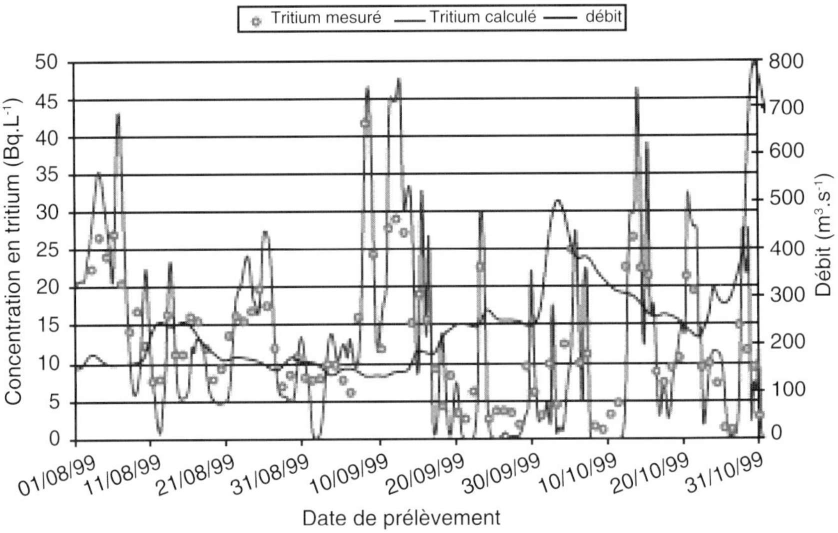

Figure 3. Concentrations en tritium observées et simulées à Angers (Modifié d'après F. Siclet *et al.*, 2002).

Dans l'estuaire de la Loire c'est une approche 2D qui a été privilégiée, sur plusieurs cycles de marée (Siclet, 2001).

La Loire a aussi servi de support à une étude comparative de divers modèles, dont le modèle Mascaret (EDF-LNHE) associé au module Tracer (Goutal *et al.*, 2008). Le modèle Mascaret traite l'hydrodynamique au moyen d'un sous-modèle Saint-Venant 1D. Les autres modèles hydrodynamiques étant des modèles dits « boîtes », issus de la dégénérescence[4] des équations du modèle de Saint-Venant. Cette étude a montré que le modèle Mascaret donne de très bons résultats pour le suivi du tritium, sauf pour les bas débits. Ce qui confirme le fait bien connu qu'un modèle de type Saint-Venant ne doit être appliqué qu'en période de débit moyen. En effet, en débit d'étiage d'autres phénomènes peuvent devenir prépondérants, comme par exemple la dispersion transversale ou la formation de zones de stagnation. En période de crue, on comprend aisément que l'application d'un tel modèle n'aurait de toute façon pas de sens, surtout pour tenter d'étudier la dispersion de rejets liquides faiblement radioactifs.

Deux modèles ont été développés pour étudier la dispersion de rejets de tritium dans un bief du Tage (Extremadure, Espagne) (Baeza *et al.*, 2006).

En Espagne, le débit du Tage est régulé par des barrages qui transforment son cours en une série de biefs réservoirs. L'un d'eux, le réservoir Torrejon, a fait l'objet

4. Dégénérer un modèle, c'est lui enlever des termes traduisant des phénomènes jugés peu influents sur la solution.

d'une étude car il est périodiquement et partiellement en relation, dans sa partie très en amont, avec les eaux d'un réservoir annexe, le réservoir Arrocampo et que deux centrales nucléaires sont en service 300 km en amont. De plus, la gestion des échanges de flux d'eau entre les deux réservoirs concernés permet de maintenir quasi constants le volume et la température de l'eau emmagasinée dans le réservoir Arrocampo, sur une rive duquel est aussi implantée la centrale nucléaire d'Almaraz. La longueur du bief réservoir Torrejon étant de 42 km, pour une largeur et une profondeur moyennes de respectivement 130 m et 20 m, un modèle 1D longitudinal est parfaitement adapté pour étudier la dispersion de rejets de tritium. De façon classique, la résolution des équations de l'hydrodynamique donne les vitesses tout au long du réservoir et pour la période de temps choisie, ce qui permet, simultanément, d'attaquer la résolution de l'équation de transport du tritium. Le modèle donne de bons résultats pour les concentrations en tritium, même si aucune base de données n'existe concernant le champ de vitesse, voir la figure 4 qui compare les mesures avec les résultats du modèle suivant le profil longitudinal du réservoir. Pour comprendre plus finement ce qui se passe réellement au droit des échanges d'eaux entre les deux réservoirs, mais aussi pour comprendre pourquoi le mélange des eaux et, corrélativement, la dispersion du tritium sont très faibles à certaines périodes de l'année, un modèle 2D intégré sur la verticale a été développé sur un petit périmètre autour des bouches d'échange. La zone couverte par le modèle est de 1 km. La figure 4 montre que les vitesses d'échange (entrée et sortie) sont de l'ordre du cm/s. En ce qui concerne les distributions de concentration en tritium, le modèle montre qu'au mois d'août 1997 il y a quasi homogénéité suivant l'axe transversal, ce qui est en accord avec les mesures, et qu'au mois de février 1997 apparaît un véritable gradient de concentration suivant l'axe transversal, en accord aussi avec les mesures.

Il existe bien sûr d'autres exemples dans la littérature scientifique dévolue à ce problème. Mais, il est intéressant d'évoquer les travaux de Smith *et al.* (2006) concernant le suivi des rejets de radionucléides, dont le tritium, dans la Tamise et un de ses affluents. En effet, Smith (2006) traite aussi, et en même temps, la modélisation de la bioaccumulation des radionucléides chez les poissons. C'est l'occasion, pour le lecteur intéressé, de voir l'illustration du principe de modélisation du terme de « réaction » qui apparaît dans l'équation (3) et qui concerne cette fois-ci des processus biochimiques. Après un état de l'art des modèles dynamiques de bioaccumulation des radionucléides par les poissons, l'auteur montre qu'une version simplifiée des modèles existants, basée sur de simples paramétrisations de certains phénomènes, peut donner de bons résultats. Ce type de modèle, d'application simple, doit être réservé à une première approche du phénomène de pollution car il ne peut, en aucun cas, remplacer un modèle dynamique complet, notamment dans le cas du suivi d'un épisode de pollution prolongé dans le temps.

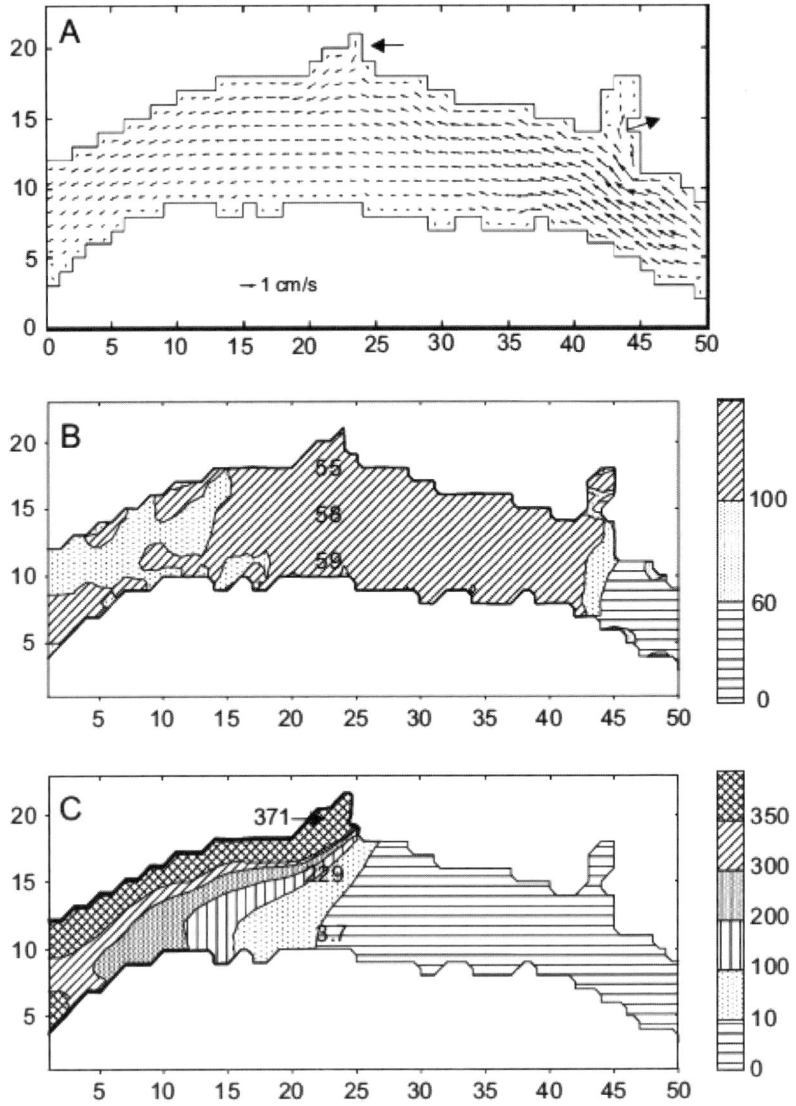

Figure 4. (A) Courants calculés pour février 1998. Les flèches indiquent les points d'entrée et de sortie de flux d'eau échangés avec le réservoir Arrocampo. (B) Distribution de tritium calculée, en $Bq.L^{-1}$, pour août 1997. (C) Distribution de tritium calculée, en $Bq.L^{-1}$, pour février 1998. Les nombres à l'intérieur des cartes indiquent les activités spécifiques mesurées. Les unités suivant les axes x et y indiquent le nombre de points de grille (points de discrétisation) utilisés pour les simulations (chaque unité correspond à 20 m) (Baeza *et al.*, 2006).

2.2. Application au transport de polluants dans l'atmosphère

La plupart des phénomènes de pollution de l'air se produisent dans la partie basse de l'atmosphère appelée la couche limite atmosphérique (CLA). C'est la région dans laquelle l'atmosphère est soumise aux effets de la surface de la terre, au travers des échanges verticaux de quantité de mouvement, de chaleur et d'humidité ; son épaisseur est de l'ordre de 2 km.

2.2.1. Les principaux phénomènes physico-chimiques

Les principaux phénomènes physico-chimiques qui interviennent dans un problème de pollution de l'air sont : le vent horizontal (vitesse et direction) qui est généré par la composante du vent géostrophique (lié à la force de Coriolis) et affecté par les forces de frottement au sol et les vents locaux (brises marines, circulations en milieu urbain, etc.) ; la diffusion atmosphérique turbulente ; l'altitude ; l'inversion de température ; la circulation atmosphérique suivant la verticale ; les réactions chimiques et photochimiques et la déposition au sol. On imagine aisément le challenge que représente la mise en œuvre d'un modèle prenant en compte l'ensemble de ces phénomènes et leurs interactions avec les différents milieux (air-eau-sol) et dont la dynamique d'ensemble est décrite par l'équation de Navier-Stokes. Le système d'équations qui traduit l'ensemble des phénomènes que nous venons de décrire doit être modifié et surtout simplifié pour être résolu[5] ; ceci est fait en s'appuyant sur une analyse d'échelle, c'est-à-dire que l'on détermine l'importance relative de chaque terme dans les équations de conservation, pour justifier les simplifications qui en découlent.

En pratique, un modèle de pollution de l'air a pour premier module un modèle météorologique. Celui-ci calcule l'évolution temporelle du système atmosphérique en s'appuyant sur l'intégration spatio-temporelle des équations de conservation de la masse, de la chaleur, du mouvement, de l'eau et, si nécessaire, d'autres substances comme les gaz et les aérosols. Ce module fournit les données météorologiques d'entrée du module de qualité de l'air bâti sur la base de l'équation (3) et comportant autant d'équations que d'espèces chimiques dont on souhaite suivre l'évolution.

Les modèles météorologiques s'intéressent généralement à la mésoéchelle, c'est-à-dire à un domaine spatial allant de quelques kilomètres à quelques centaines de kilomètres. C'est donc à cette échelle que peut répondre un modèle complet de pollution de l'air. Les problèmes à traiter représentent autant de situations qui induisent des hypothèses de modélisation différentes et qui aboutissent à des modèles généralement spécifiques.

5. Résoudre un système d'équations c'est en chercher la solution.

Le choix d'un code de calcul météorologique dans la CLA est donc dicté par l'échelle spatiale du domaine d'étude. Il existe des modèles pour toutes les échelles spatiales et pratiquement toutes les conditions d'émission et de dispersion des polluants ; le lecteur intéressé par cet aspect de la question peut consulter l'ouvrage de Zannetti (1990), même s'il est aujourd'hui un peu ancien.

2.2.2. *Exemple d'un modèle de dispersion dans l'atmosphère de produits radioactifs*

Cette étude porte sur l'évolution de la pollution de l'air dans les environs de la centrale nucléaire d'Angra dos Reis au Brésil, à la suite du lâcher contrôlé d'un panache de vapeur d'eau tritiée dans l'atmosphère durant 5 jours du 28 novembre au 4 décembre 1984 (Moreira *et al.*, 2005). Compte tenu du contexte expérimental, c'est-à-dire de l'évolution d'un panache de pollution dans une atmosphère soumise à un vent dominant, le choix d'un modèle 2D vertical est tout à fait justifié ; dans ce cas, l'axe longitudinal x est situé dans la direction du vent moyen. Les auteurs ont posé comme principe de développer un modèle d'application simple et rapide ; c'est la raison pour laquelle ils ont choisi la voie analytique pour sa résolution. En ce sens, cet article est une parfaite illustration des importantes hypothèses à poser, des développements mathématiques complexes à proposer et des paramétrisations souvent hasardeuses à consentir pour aboutir à une solution. La figure 5 montre qu'il existe quand même un accord acceptable entre les mesures faites au niveau du sol suivant l'axe longitudinal et les résultats du modèle.

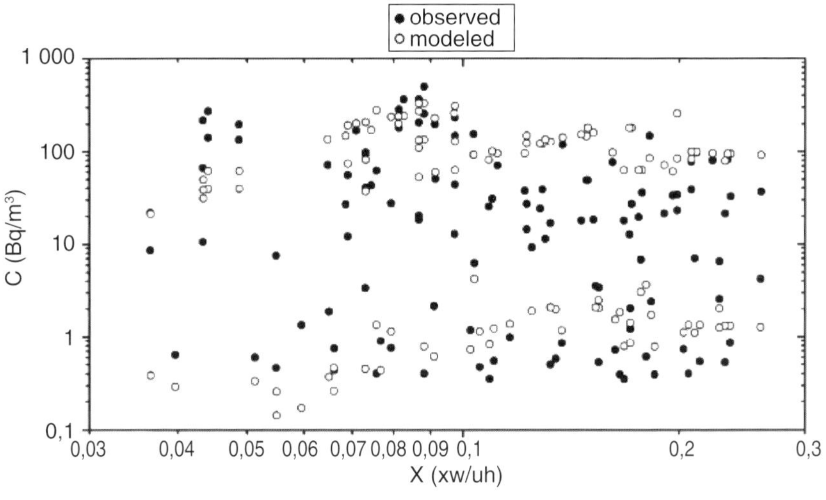

Figure 5. Comparaison entre valeurs observées et valeurs calculées des concentrations C en tritium au niveau du sol, en fonction de la distance adimensionnée (Moreira *et al.*, 2005).

2.3. Application au transport de polluants dans le sol

2.3.1. Le mouvement d'un soluté dans la zone non saturée du sol

Le mouvement d'un soluté dans la zone non saturée du sol se caractérise, principalement, par : la diffusion du soluté dans la phase liquide, en présence d'un gradient de concentration et la convection, qui exprime le mouvement du soluté dans la phase liquide dû au mouvement de l'eau. À ces processus physiques, il faut associer l'influence des processus géochimiques et éventuellement biologiques qui participent au transport et qui s'exprime au travers des termes sources et puits. Cette équation s'écrit en 1D suivant la verticale :

$$\frac{\partial(\theta c)}{\partial t}=-\frac{\partial(qc)}{\partial z}+\frac{\partial}{\partial z}\left[D(\theta,q)\frac{\partial c}{\partial z}\right]\pm\Phi \qquad \text{(équation 4)}$$

où : θ est la teneur en eau du sol ; c la concentration de la phase liquide ; t le temps ; q le flux d'eau ; z la coordonnée verticale ; D le coefficient de diffusion dans la phase liquide et Φ le terme sources ou puits représentant la formation ou la disparition de la molécule étudiée.

On retrouve donc, dans son formalisme, l'équation (3). Pour certaines substances polluantes, il faut tenir compte du phénomène d'adsorption-désorption ; de la même manière que pour l'équation (3) ce phénomène peut être pris en compte au travers du terme sources-puits.

La résolution de l'équation (4) nécessite de connaître la valeur des différents paramètres et en particulier la valeur de la teneur en eau du sol, en tout point et à chaque instant.

2.3.2. Modélisation du mouvement de l'eau dans le sol

L'équation générale des écoulements non saturés découle de la combinaison de la loi dynamique (loi de Darcy généralisée au milieu non saturé) et de l'équation de continuité. Diverses formulations sont possibles, selon que les termes de cette équation sont exprimés comme des fonctions de la teneur en eau ou de la charge de pression et selon qu'ils sont développés sous forme de dérivées partielles ou non. Cette équation (analogue à l'équation de diffusion et de conduction de la chaleur) est l'équation de Richards.

Cette équation, qui décrit un phénomène « macroscopique » est applicable à un domaine d'écoulement rendu extrêmement complexe par le fait que le taux de saturation du sol devient une variable dans l'espace et dans le temps. Il s'en suit que la force motrice de l'écoulement varie non seulement d'un point à l'autre du sol, mais également localement au cours du temps. Elle est, de plus, conditionnée par le phénomène d'hystérèse[6]. C'est une des équations les plus fortement non linéaires de la physique. De plus, d'autres phénomènes viennent compliquer le problème : l'anisotropie du sol[7]; l'évaporation ; l'évapotranspiration ; la redistribution ; etc.

Quoi qu'il en soit et moyennant quelques hypothèses simplificatrices, de nombreux codes de calcul ont été développés, notamment pour résoudre l'équation de Richards. Des modèles ont aussi été développés en 2D et en 3D mais ils restent souvent (et surtout pour le 3D) des outils de recherche.

2.3.3. Exemple d'une étude comparative de modèles de transport de tritium depuis une nappe contaminée par de l'eau tritiée (HTO)

Cette étude a été menée dans le cadre du programme BIOMASS (2002) par un groupe de travail sur le tritium composé de modélisateurs et d'expérimentateurs dépendant de douze organisations nationales et internationales différentes. L'objectif principal était de trouver, ou de développer, un modèle couplé d'écoulement d'eau et de transport de tritium qui calcule le transport de HTO depuis un aquifère perché contaminé, vers la surface du sol. Un autre objectif était d'étudier l'influence de différents paramètres sur l'évolution du flux net de tritium vers l'atmosphère, et ceci sur une longue période de temps. Le scénario à modéliser était le suivant : des contaminants, et en l'occurence le tritium provenant de rejets dans l'environnement d'eau tritiée, ayant pénétré dans un aquifère perché, c'est-à-dire dont le toit se situe à faible profondeur, peuvent migrer à travers la zone non saturée et atteindre la surface du sol.

En supposant que la colonne de sol non saturé est isotherme et que le transport de tritium se fait uniquement en phase liquide, la plupart des modèles se réduisent à un jeu d'équations aux dérivées partielles couplées pour : l'humidité du sol, c'est l'équation de Richards, et le transport de tritium, c'est l'équation (4).

Les codes ou modèles utilisés pour cette étude comparative différaient entre eux par leur degré de complexité, mais ont tous été utilisés pour traiter le problème uniquement suivant la verticale, donc en 1D.

La figure 6 montre, en coordonnées linéaires, les profils de teneur en eau dans la zone non saturée. Ils correspondent au mois de juillet d'une année type pour un

---

6. Le phénomène d'hystérèse désigne le fait que la relation entre potentiel de pression et teneur en eau n'est pas univoque, c'est-à-dire que les courbes déterminées par drainage (désorption), diffèrent de celles déterminées par humidification (sorption).

7. L'anisotropie est la propriété d'être dépendant de la direction.

sol nu et pour un sol sous culture de blé. La figure 7 montre, en coordonnées semi-logarithmiques, les profils de concentration en tritium dans la zone non saturée. Ils correspondent à la fin février et à la fin juillet d'une année type pour un sol nu et à la fin juillet pour un sol sous culture. La plupart des résultats obtenus à partir des différents modèles se situent entre les courbes extrêmes présentées pour chaque situation étudiée. On peut constater que les résultats donnés par les différents modèles sont globalement similaires. Par contre ces figures montrent que si les courbes sont bien groupées pour les couches de sol les plus profondes où les concentrations calculées diffèrent d'un facteur deux ou trois, elles ne sont pas aussi groupées dans la couche de sol (d'une épaisseur de 20 cm) située près de la surface du sol. Ceci est certainement dû à la façon dont sont modélisés le devenir de l'eau et du tritium dans les couches près de l'interface où les phénomènes de transpiration et d'évaporation prennent de l'importance.

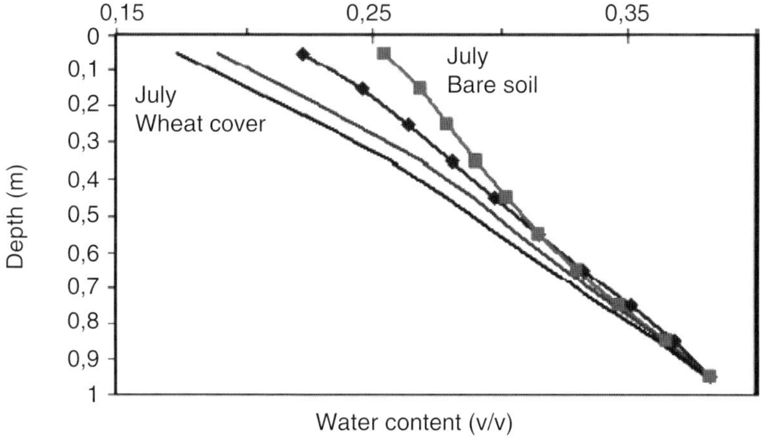

Figure 6. Profils verticaux de teneur en eau dans la zone non saturée du sol, d'une épaisseur de 1 m, située entre le toit de la nappe et la surface du sol. La teneur en eau de la zone saturée est de 0,39. Le mouvement de migration ascendante du tritium commence le 1er janvier. Les courbes reliant les points calculés concernent un sol nu à la fin du mois de juillet. Les courbes sans points concernent un sol cultivé couvert de blé. La plupart des courbes obtenues avec les différents modèles se situent entre les courbes extrêmes présentées sur le graphe pour chacune des deux situations étudiées (Belot *et al.*, 2005).

La figure 8 montre les flux mensuels de tritium du système sol/plantes vers l'atmosphère, exprimés en Bq m^{-2} par mois, pour un sol nu et un sol sous culture et pour une concentration constante de tritium dans l'aquifère de 104 Bq L^{-1}. La très forte augmentation du flux de tritium due à la végétation est à mettre en

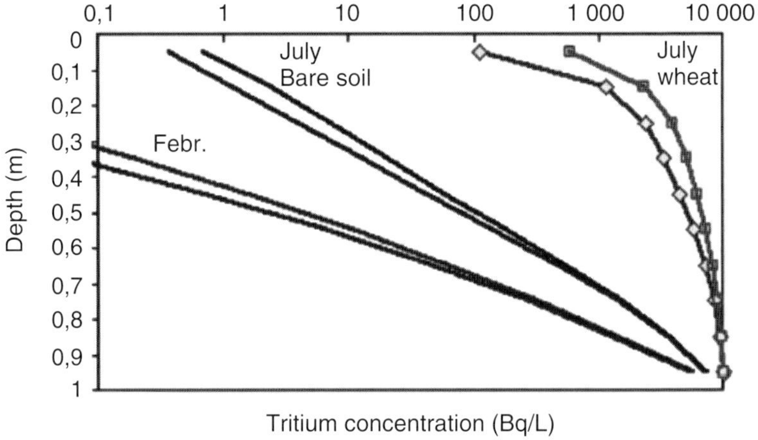

Figure 7. Profils verticaux de HTO dans la zone non saturée du sol, d'une épaisseur de 1 m, située entre le toit de la nappe et la surface du sol. La concentration en tritium de l'aquifère perché est de 10 000 Bq.L^{-1}. Le mouvement de migration ascendante du tritium commence le 1er janvier. Les courbes de gauche montrent les profils de concentration à la fin du mois de février ; les courbes du milieu, les profils à la fin du mois de juillet pour un sol nu ; les courbes de droite, les profils à la fin du mois de juillet pour un sol cultivé couvert par du blé. La plupart des résultats fournis par huit modèles différents se situent entre les courbes extrêmes présentées sur le graphe pour chacune des trois situations étudiées (Belot *et al.*, 2005).

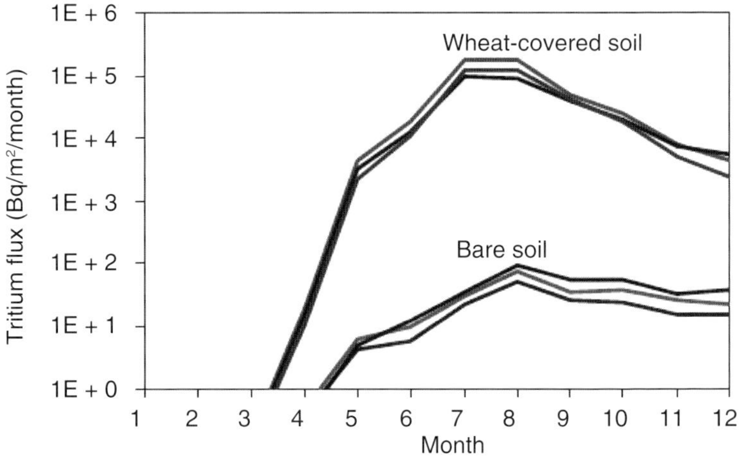

Figure 8. Flux de HTO depuis le sol et la végétation vers l'atmosphère pour les conditions définies dans le scénario : un toit de nappe situé à 1 m sous la surface du sol et une concentration constante de la nappe en tritium (10 000 Bq.L^{-1}). Le mouvement de migration ascendante du tritium commence le 1er janvier (Belot *et al.*, 2005).

relation avec une augmentation des remontées d'eau entre les mois d'avril et de septembre, lorsque le phénomène d'évaporation est plus important que les précipitations. Les flux mensuels moyens obtenus à partir des différents modèles varient d'un facteur deux, ce qui montre un bon accord entre les modèles qui ont été testés.

3. Conclusion

Les phénomènes de transfert de produits polluants dans l'environnement sont décrits par une équation de transport du type « advection-dispersion-réaction ». La résolution de cette équation repose, d'une part, sur la connaissance des champs de vitesse des fluides transportant cette pollution : l'eau libre dans le cas des eaux de surface, l'eau infiltrée dans le cas de la zone non saturée du sol et l'air dans le cas de l'atmosphère terrestre. En général et afin de pouvoir résoudre sans trop de difficulté l'équation de transport du polluant considéré, ces champs de vitesse sont obtenus moyennant de grosses simplifications des conditions d'écoulement. D'autre part, elle repose aussi sur la connaissance de toute une série de paramètres, dont la valeur de la plupart est difficile à obtenir expérimentalement, et de relations phénoménologiques, difficiles à établir dans un contexte où des avancées scientifiques significatives sont toujours attendues. Enfin, au plan purement numérique, les moyens modernes de l'informatique permettent des prouesses difficilement imaginables il y a encore dix ou quinze ans. C'est un des aspects du problème qui a le plus avancé, au point de faire des modèles (ou codes de calcul) de simples outils d'investigation pour la plupart des chercheurs qui s'intéressent à l'environnement. Les quelques exemples d'application aux trois milieux qui constituent notre environnement ont été présentés, succinctement certes, mais surtout pour servir à illustrer notre propos. À côté de cet aspect purement pédagogique, les résultats fournis par ces modèles prouvent, si nécessaire, qu'un modèle est un formidable outil de recherche à la disposition de la communauté scientifique ; mais aussi et dès qu'il a atteint un certain niveau de généralité, un outil précieux d'aide à la prise de décision pour le gestionnaire de l'environnement.

Toutefois, il n'est pas certain que les modèles que nous venons d'évoquer, qui revêtent un caractère « macroscopique » par les échelles spatio-temporelles envisagées, soient toujours pertinents dès l'instant où la prise en compte de phénomènes à l'échelle « microscopique » (échelle cellulaire par exemple) deviendrait nécessaire. C'est ainsi que tout « raffinement » des modèles, destiné à mieux prendre en compte la description des mécanismes bio-physico-chimiques concernés, risquerait d'entraîner une remise en question des concepts de modélisation, à cause de l'incompatibilité des échelles temporelles des phénomènes pris en compte.

Chapitre 6

L'homme et le tritium

Suzanne Gazal, Christian Chenal et Jean-Claude Amiard

1. Métabolisme et cinétique du tritium chez l'homme

Trois voies d'exposition ont été identifiées chez l'homme[1] : l'absorption par ingestion, l'absorption par inhalation et l'absorption cutanée.

L'exposition interne dépendra de la forme du dépôt. La source principale de contamination par le tritium est l'ingestion d'eau de boisson et d'aliments[2]. L'absorption par *ingestion* de l'eau tritiée (HTO) et du tritium organique (OBT, « *organic bound tritium* ») est rapide (30 minutes) et quasi complète. Le tritium gazeux, l'eau tritiée et, dans une moindre mesure, le tritium organique peuvent être absorbés par *inhalation*. Moins de 0,01 % de l'activité inhalée en tritium gazeux passe dans le sang, où il est en partie transformé en eau tritiée. Par contre, 99 % de l'eau tritiée et du tritium organique inhalés sous forme de gaz ou d'aérosols qui sont transférés dans le sang ne subissent pas de modification de leur forme chimique. Le comportement après inhalation des composés métalliques

1. Si l'administration de tritium par injection se rencontre expérimentalement, elle n'est pas considérée dans la littérature comme une voie d'exposition.

2. On considérera essentiellement ici l'eau tritiée et les composés formés par liaison du tritium à la matière organique biologique (OBT).

et des composés organiques autres que le méthane est quant à lui mal connu. Le tritium pénètre peu par *voie transcutanée.* Dans ce cas, il peut se combiner avec l'eau des tissus de la peau pour former de l'eau tritiée et du tritium organique rapidement transférables au sang. Si le tritium présent sous forme d'eau tritiée est réparti de façon homogène, par contre le tritium organiquement lié est préférentiellement abondant dans les cellules ayant de forts besoins énergétiques ou dans les tissus à renouvellement rapide. Lors d'une exposition chronique, la fixation semble avoir lieu préférentiellement dans les lipides du système nerveux central plutôt que dans la peau, le muscle ou les cellules adipeuses.

Le modèle biocinétique proposé pour l'adulte pour l'eau tritiée et les composés organiques par la Commission internationale de protection radiologique (CIPR) suppose :

- que l'apport quotidien en tritium est composé à 90 % d'eau tritiée et à 10 % de tritium organiquement lié (ICRP, 1989) ;
- que 97 % de l'eau tritiée absorbée est en équilibre avec l'eau du corps et est retenue avec une demi-vie de 10 jours, le reste (3 %) étant incorporé dans les molécules organiques avec une demi-vie de 40 jours ;
- que 50 % de l'activité absorbée en OBT est transformée en eau libre et retenue avec la période biologique de celle-ci (10 jours) et 50 % incorporée à des molécules organiques avec la période biologique du carbone organique (40 jours) (ICRP, 1993).

La totalité du tritium incorporé se retrouve ainsi à 92,3 % sous forme HTO et à 7,7 % sous forme d'OBT (échangeable et non échangeable).

L'élimination de l'eau tritiée s'effectue principalement par l'urine, et dans une moindre mesure, par les fèces, la sueur et la vapeur d'eau expirée. Lors des contaminations accidentelles, l'élimination par voie urinaire et fécale se fait à 99,5 % sous forme d'eau tritiée, et le reste sous forme de tritium organique (Triverdi *et al.*, 1995).

2. La toxicité du tritium

Le rayonnement bêta émis ayant une faible énergie et un faible parcours, le tritium ne présentera un risque radiologique que s'il pénètre dans l'organisme. Le risque d'exposition au tritium est donc essentiellement lié à la contamination interne.

On présentera tout d'abord le cadre général de la radioprotection et son application au tritium, puis on élargira le propos à la question générale des effets biologiques et sanitaires et de l'évaluation dose-effet en matière d'exposition au tritium.

2.1. L'approche de la Commission internationale de protection radiologique (CIPR) et des instances internationales en matière de radioprotection

2.1.1. Rappel sur les effets biologiques des rayonnements ionisants

On distingue habituellement en radioprotection les effets dits « déterministes » et les effets dits « aléatoires » (ou « stochastiques »). Les premiers sont caractérisés par :

- l'existence d'un seuil en dessous duquel cet effet n'apparaît pas ;
- le fait que leur gravité augmente avec la dose reçue ;
- le fait que les lésions sont présentes chez tous les sujets exposés.

À l'inverse, les seconds sont caractérisés par :

- l'absence probable d'un seuil au-dessous duquel cet effet n'apparaît pas ;
- le fait que leur gravité n'augmente pas avec la dose reçue ;
- le fait que l'effet n'apparaît que chez certains sujets exposés et que leur probabilité d'apparition augmente avec la dose reçue. Les effets des rayonnements ionisants concernent le sujet exposé et/ou sa descendance. Ils sont précoces ou tardifs. Les effets aléatoires aujourd'hui identifiés comme tels sont les cancers et les effets héréditaires[3].

2.1.2. Sur la notion de dose engagée

Que l'exposition soit externe ou interne, les limites d'exposition aux rayonnements ionisants sont définies en radioprotection pour deux types d'effets : les cancers et les effets héréditaires, et fixent les niveaux de risque considérés comme acceptables. Ces limites constituent donc des seuils d'acceptabilité et non des seuils d'innocuité. Il est considéré comme acquis que ces limites protègent contre tous les autres types d'effets, qui sont censés n'apparaître qu'à des niveaux d'exposition beaucoup plus élevés.

Comment calcule-t-on les expositions que sont susceptibles de recevoir les individus ?

3. Les mutations génétiques et les aberrations chromosomiques consécutives à l'exposition qui auront une expression clinique dans la descendance. La *Publication 60* de la CIPR (ICRP, 1990) ne retenait que les effets héréditaires graves, considérés comme concernant 30 à 50 % des effets héréditaires « spontanés ». Cette restriction n'apparaît plus dans la *Publication 103* (ICRP, 2007b).

Les calculs se font séparément pour l'irradiation externe et l'irradiation interne. En irradiation externe, la mesure de la dose absorbée par l'organe ou le tissu[4] permet dans un premier temps de connaître la *dose* reçue (« *absorbée* ») par cet organe ou ce tissu (dose moyenne). Elle s'évalue en gray. Cette dose absorbée est ensuite affectée d'un facteur de pondération radiologique Wr, caractéristique du type de rayonnement, et pour les neutrons et les protons, de leur énergie[5]. Ainsi, Wr = 1 pour les photons et les électrons (à l'exception des électrons Auger). S'agissant des neutrons, Wr = 5 pour les neutrons d'énergie inférieure à 10 keV, 10 pour les neutrons d'énergies comprises entre 10 et 100 keV, 20 entre 100 keV et 2 MeV, 10 entre 2 et 20 MeV et 5 au-dessus de 20 MeV (Wr est une fonction continue de l'énergie du neutron dans la CIPR 103). On obtient ainsi une *dose équivalente*. En irradiation interne (contamination par des radionucléides), on calcule la dose qui aura été délivrée (absorbée) par le rayonnement (alpha, bêta, gamma, neutron...) du ou des radionucléide(s) incorporé(s) en intégrant dans le temps le débit de dose instantané reçu par l'organe ou le tissu (jusqu'à 50 ans pour les adultes et 70 ans pour les enfants). L'application du facteur de pondération Wr définira la *dose équivalente engagée* au niveau de l'organe ou du tissu. Dans un second temps, on applique à la dose équivalente (engagée) un coefficient Wt qui tient compte de la radiosensibilité relative (en termes d'incidence de cancers) du (des) organe(s) ou tissu(s) exposé(s). Wt représente le rapport de la probabilité de survenue d'effets aléatoires au niveau d'un organe ou d'un tissu du fait de sa radioexposition, à la probabilité totale d'effets aléatoires résultant d'une radioexposition uniforme de l'organisme entier à une même dose absorbée. Ces coefficients, appelés facteurs de pondération tissulaire (Wt), permettent de calculer une *dose efficace (engagée)* pour chaque organe ou tissu. La somme de toutes les doses efficaces (engagées) au niveau de chaque tissu ou organe suite à une ou plusieurs irradiation(s) interne(s) et/ou externe(s) est la *dose efficace (engagée) totale*. On la désigne en général simplement par l'expression *dose efficace (engagée)*. Elle s'évalue en sievert.

2.1.3. De la dose engagée à l'estimation de l'effet biologique

La CIPR a proposé en 1990 et 2007 (ICRP, 1990 et 2007b) une estimation du risque après exposition du corps entier à faible débit de dose (en termes de cancers, d'effets héréditaires et de détriment total par sievert reçu) (tableau 1).

---

4. Au moyen d'un dosimètre porté par l'individu.

5. Seuls les rayonnements « pénétrants » gamma, bêta de très haute énergie, ainsi que les neutrons sont pris en compte, les rayonnements bêta de faible énergie étant arrêtés par la peau. Dans des cas exceptionnels d'irradiation bêta d'énergie moyenne (supérieure à 70 KeV), les effets cutanés sont pris en compte.

Tableau 1. Estimation du risque après exposition du corps entier à faible débit de dose (en détriment par sievert reçu).

	Cancers*		Effets héréditaires**		Détriment total ***	
CIPR	1990	2007	1990	2007	1990	2007
Population exposée						
Public	$6,0.10^{-2}$	$5,5.10^{-2}$	$1,3.10^{-2}$	$0,2.10^{-2}$	$7,3.10^{-2}$	$5,7.10^{-2}$
Travailleurs	$4,8.10^{-2}$	$4,1.10^{-2}$	$0,8.10^{-2}$	$0,1.10^{-2}$	$5,6.10^{-2}$	$4,2.10^{-2}$

* Les valeurs établies en 1990 représentent le risque de cancer mortel radioinduit, pondéré par l'incidence des cancers radioinduits non mortels, le nombre d'années de vies perdues pour les cancers mortels et le préjudice causé dans le cas des cancers non mortels. En 2007, les valeurs sont établies à partir de l'incidence des cancers radioinduits pondérée par le risque de mortalité et par le préjudice subi.

** Les valeurs sont établies en 1990 et 2007 à partir de la dose de rayonnement qui double l'incidence des effets héréditaires « spontanés », pondérées en 1990 par le nombre d'années de vie perdues et la gravité de l'effet. Ces dernières ne sont pas prises en compte en 2007. Les effets pris en compte sont en 1990 les effets qui apparaissent sur les dix premières générations, en 2007 les effets qui apparaissent sur les deux premières générations.

*** En 2007, le détriment total est donc constitué pour les cancers par la probabilité de développer un cancer (mortel et non mortel) et par un coefficient représentatif du préjudice subi, et pour les effets héréditaires par la probabilité de voir apparaître un effet héréditaire dans les deux générations suivant l'exposition.

2.1.4. Le risque considéré comme acceptable par les instances nationales et internationales

Le risque considéré comme acceptable par la CIPR et par les instances nationales et internationales était en 1990 de 6.10^{-5} cancers radioinduits par an et de $1,3.10^{-5}$ effets héréditaires graves[6] radioinduits sur dix générations pour le public, et de $9,6.10^{-4}$ et $1,6.10^{-4}$ respectivement pour les travailleurs. Il est en 2007 de $5,5.10^{-5}$ cancers radioinduits par an et de 2.10^{-6} effets héréditaires sur les deux premières générations pour le public, et de $8,2.10^{-4}$ et 2.10^{-5} respectivement pour les travailleurs. Ces niveaux de risques acceptables sont non cumulables. Ils correspondent chacun à la limite annuelle de dose efficace engagée de 1 $mSv.an^{-1}$ présentée dans le tableau 2[7].

6. Survenant précocement ou causant chez l'adulte un détriment équivalent aux cancers mortels.

7. La directive 96/29 s'appuie sur la *Publication 60* de la CIPR (ICRP, 1990). La *Publication 103* (ICRP, 2007b) n'introduit pas sur ce point de modifications.

Tableau 2. Limites annuelles de dose efficace engagée (ICRP, 1990, 2007b ; directive 96/29 ; décret du 24 avril 2002).

	Public	Travailleur
Dose efficace	1 mSv	100 mSv sur 5 ans consécutifs et au plus 50 $mSv.an^{-1}$
Dose équivalente à la peau	50 mSv	500 mSv

2.1.5. L'évaluation de la dose efficace et les limites annuelles d'exposition au tritium

Une question centrale est de savoir quelle dose efficace se trouve engagée par une contamination par le tritium (quelle activité incorporée correspond à quelle dose pour l'organisme).

Comme pour tous les radioéléments, cette dose efficace est donnée en dose par unité d'incorporation (DPUI) (l'unité d'incorporation est le becquerel). Elle varie selon la forme physico-chimique du tritium, la voie d'incorporation (ingestion, inhalation) et l'âge des sujets exposés (tableau 3).

Le tritium est classé par les instances internationales dans le groupe 4 de toxicité (radiotoxicité faible) (décret 88-521 du 18/04/88).

Tableau 3. Coefficients de dose engagée par unité d'incorporation de tritium ($Sv.Bq^{-1}$) pour les personnes du public[1,2].

		Adulte (public)	Enfant < 1 an
Inhalation	Eau tritiée HTO	$1,8.10^{-11}$	$6,4.10^{-11}$
	Tritium organique	$4,1.10^{-11}$	$1,1.10^{-10}$
	Tritium gazeux HT	$1,8.10^{-15}$	$4,8.10^{-15}$
	Méthane tritié CH_3T	$1,8.10^{-13}$	$4,8.10^{-13}$
Ingestion	Eau tritiée HTO	$1,8.10^{-11}$	$6,4.10^{-11}$
	Tritium organique	$4,2.10^{-11}$	$1,2.10^{-10}$

1. ICRP, 1993, 1995, 1996 ; AIEA, 1997.
2. La dose efficace engagée (en Sv) s'obtient en multipliant l'activité inhalée et/ou ingérée (exprimée en Bq) par le coefficient de dose correspondant.

Ainsi, la toxicité du tritium varie selon la forme sous laquelle celui-ci a été incorporé : le tritium incorporé sous forme liée serait plus toxique que lorsqu'il est intégré sous forme de gaz, d'eau ou de méthane tritiés, et légèrement plus toxique par ingestion que par inhalation.

Au regard des limites annuelles de dose efficace engagées définies par la directive 96/29, ces DPUI induisent des limites annuelles d'incorporation différentielles selon l'âge des sujets exposés, la forme physico-chimique du tritium incorporé et la voie d'incorporation. Il peut être d'un grand intérêt pratique de les expliciter (tableau 4).

Les différentes limites d'exposition au tritium sont non cumulables et exclusives de toute exposition à d'autres radioéléments.

Tableau 4. Niveaux annuels d'incorporation en tritium correspondant aux limites annuelles de dose efficace engagée pour les personnes du public[1] et les travailleurs[2] (en $Bq.an^{-1}$).

		Adulte (public)	**Enfants < 1 an**	**Travailleurs**
Inhalation	Eau tritiée HTO	$5,5.10^7$	$1,6.10^7$	1.10^9
	Tritium organique	$2,4.10^7$	$9,1.10^6$	
	Tritium gazeux HT	$5,5.10^{11}$	$1,6.10^{11}$	
	Méthane tritié CH_3T	$5,5.10^9$	$1,6.10^9$	
Ingestion	Eau tritiée HTO	$5,5.10^7$	$1,6.10^7$	1.10^9
	Tritium organique	$2,4.10^7$	$8,3.10^6$	

1. Calculées à partir des DPUI (ICRP 67, 1993; 69, 1994; 74,1996; AIEA, 1997).
2. ICRP 61 (1990).

La démarche est la même pour ce qui est de l'exposition externe. À noter que dans ce cas, les coefficients de dose efficace engagée retenus par la communauté internationale sont de $3,31.10^{-19}$ $(Sv.s^{-1})/(Bq.m^{-3})$ quel que soit l'âge de l'individu exposé (*Federal Guidance*, 1993).

L'activité au-dessous de laquelle une pratique est exemptée de déclaration est de 10^9 Bq (activité du stock total de tritium détenu à un moment quelconque par un individu ou une entreprise dans le cadre d'une pratique spécifique) et de 10^6 $Bq.kg^{-1}$ de ce même stock (directive EURATOM 96/29).

L'approche ci-dessus est de type macrodosimétrique, et reflète une dose globale aux différents organes et finalement à l'organisme entier. Appliquée au tritium, cette démarche appelle une réflexion sur la notion de dose, sur les données disponibles en matière de relation dose-effet, et plus généralement sur les effets biologiques et sanitaires d'une exposition au tritium.

2.2. Sur les études disponibles en matière de relation dose-effet concernant l'exposition au tritium

2.2.1. L'observation des effets cliniques : études épidémiologiques et expérimentation animale

La dose « physique » macroscopique ne permet pas par elle-même de déduire un effet biologique que l'on pourrait ensuite essayer de relier à un effet sanitaire. Seules des études de type épidémiologique peuvent conduire à proposer une relation dose-effet. Or il existe peu de données en épidémiologie humaine qui permettent d'estimer le risque sanitaire du tritium – et notamment ses effets aléatoires.

Concernant les *cancers*, l'étude de Zablotska *et al.* (2004) fait état d'une augmentation de l'incidence globale d'une part des cancers solides, d'autre part des leucémies (excès de risque relatif) par unité d'exposition au tritium chez les travailleurs canadiens du nucléaire contaminés de manière chronique par de faibles doses de tritium. Par ailleurs, une sur incidence de la mortalité par cancer de la prostate a été mise évidence en Grande-Bretagne sur une population de travailleurs du nucléaire également exposés à de faibles doses de tritium de manière chronique : 8,9 fois plus de cancers mortels de la prostate que dans la population générale chez 39 000 travailleurs ayant été exposés au tritium entre 1946 et 1979 (Beral *et al.*, 1985 ; *Health Protection Agency*, 2007). Ces observations ont été confirmées par Atkinson *et al.* (2002). D'autres études conduites sur ce même type de populations font état d'une surincidence de diverses pathologies ou de mortalité par diverses causes (cancer de la prostate, du rectum, des voies urinaires, diverses formes de leucémies…). Mais ces études présentent en général des biais méthodologiques importants (absence de dosimétrie tritium, exposition à divers radionucléides autres que le tritium, puissance statistique de l'étude, choix de la population témoin, effet du travailleur sain…) qui ne permettent pas d'imputer ces observations de manière formelle à l'exposition au tritium (*Health Protection Agency*, 2007). Concernant le public, une étude fait quant à elle apparaître une augmentation d'un facteur 1,4 de la fréquence des leucémies de l'enfant au voisinage des réacteurs de Bruce et Pickering (Canada) (réacteurs à eau lourde rejetant habituellement de grandes quantités de tritium), les décès par leucémies étant plus nombreux après la mise en service du réacteur de Pickering[8] (AECB, 1989, 1991a). Cette étude comporte également des biais méthodologiques (périmètre de l'étude…). Selon certains auteurs, une partie des observations disponibles semblent néanmoins s'accorder sur une faible radiotoxicité du tritium vis-à-vis d'effets cancérogènes chez l'homme en comparaison d'autres radionucléides (Lebaron-Jacobs et Flüry-Herard, 2007). Le manque de données reste cependant flagrant.

Par ailleurs, aucune étude n'est disponible concernant d'éventuels *effets héréditaires* chez l'homme d'une exposition au tritium. On peut mentionner l'estimation de 10^{-6} effets héréditaires graves (1 cas par million) pour les populations dont la mère aurait consommé les poissons de la baie de la Severn à Cardiff pendant la grossesse (Grande-Bretagne) (*Health Protection Agency*, 2007).

Faute de disposer de données épidémiologiques suffisantes sur les plans tant quantitatif que qualitatif, les données proviennent essentiellement d'études animales qui ont fait apparaître des excès de *cancers* qui augmentent en général avec la dose reçue. Quelques études animales ont ainsi mis en évidence une relation entre exposition au tritium (eau tritiée, tritium lié) et incidence et/ou délai d'apparition de leucémies (Myers et Johnson, 1990 ; Johnson *et al.* 1995), de cancers de l'ovaire (Török *et al.*, 1979), de cancers mammaires (Gragtmans *et al.*, 1984) et plus généralement de tous types de cancers (Mewissen et Rust, 1973 ; Balonov *et al.* 1993 ; Yamamoto *et al.* 1995). Par ailleurs, les *effets sur la descendance* de parents contaminés avant la conception par de l'eau tritiée ont été étudiés chez les rongeurs : mortalité embryonnaire et périnatale, réduction de la taille des portées, réduction pondérale, malformations congénitales (Carsten *et al.*, 1977 ; Mewissen et Ugarte, 1979), Mewissen *et al.* (1987) suggérant pour leur part l'apparition de tumeurs.

2.2.2. L'étude des effets cellulaires précoces et l'apport de la microdosimétrie

Une autre approche consistera à évaluer *in vivo* ou *in vitro* l'effet biologique cellulaire précoce d'une exposition donnée. Considérant en effet que, par delà la mort cellulaire, les modifications subies par le noyau cellulaire (mutagenèse, aberrations chromosomiques, instabilité génomique notamment) peuvent être à l'origine du développement d'effets aléatoires tels que des cancers ou des effets héréditaires, une stratégie consistera à étudier l'impact cellulaire d'une exposition au tritium.

8. Augmentation proche du seuil de significativité retenu.

Ces phénomènes ont été étudiés après exposition à l'eau tritiée (*in vivo, e.g.* micronoyaux et cassures simple brin chez la moule, Jha *et al.*, 2005 ou *in vivo, e.g.* Kamiguchi *et al.,* 1990a, 1990b) et plus rarement au tritium organiquement lié. Ainsi, des mutations létales dominantes ont été observées dans les spermatides et spermatocytes chez des muridés, après injection de solutions de glucose tritié, d'amino-acides et de nucléosides tritiés (Balonov *et al.*, 1993). L'efficacité biologique du tritium OBT serait variable selon les composés tritiés étudiés. Elle serait ainsi douze fois plus élevée pour la thymidine tritiée que pour d'autres composés (Balonov *et al.*, 1993). Elle serait 2 à 10^4 fois plus élevée pour ce même composé selon les effets étudiés et les caractéristiques des sujets (Paquet et Métivier, 2008).

Cependant, les phénomènes qui conduisent d'un effet cellulaire précoce à l'apparition d'une cellule maligne sont extrêmement complexes, et il est difficile d'extrapoler d'un effet biologique à un effet aléatoire. En ce qui concerne le risque génétique chez l'homme, on peut citer l'estimation du risque génétique pour la première génération réalisée par Straume (1993) à partir des données disponibles relatives aux descendants de souris ayant été exposées à de faibles doses d'eau tritiée. Néanmoins, la question se pose de la légitimité de ce type d'extrapolation. Cette question a été documentée pour l'estimation des conséquences chez l'homme de l'irradiation des oocytes à partir du modèle de la souris femelle par Straume et Carsten (1993), et plus récemment d'un point de vue général par Sankaranarayanan et Chakraborty (2000) et par l'UNSCEAR (2001).

L'approche de type microdosimétrique quant à elle permet de tenir compte de l'amplification de l'effet biologique des électrons de faible énergie ou de particules à fort transfert linéique d'énergie sur l'ADN (Nikjoo *et al*, 1999, 2002). Elle permet d'affiner l'évaluation de la dose, de mieux connaître la nature des dommages aux structures sensibles du noyau cellulaire et de procéder ainsi à une évaluation plus réaliste du facteur de pondération aujourd'hui considéré comme étant égal à 1.

Si au niveau des cellules, environ 90 % de la dose absorbée provient de l'eau tritiée uniformément répartie dans l'organisme, une partie non négligeable du tritium incorporé peut en effet chez l'adulte être intégré à l'ADN, dont 80 % dans les tissus à renouvellement rapide. Or le parcours moyen du rayonnement du tritium dans l'eau et les tissus des organismes, de l'ordre du micron, est du même ordre de grandeur que la dimension d'un noyau. Les dommages seront donc répartis dans ce même volume. L'exposition d'un noyau à un atome de tritium provoque journellement environ 0,1 cassure de double brin par noyau cellulaire (à comparer aux plusieurs dizaines de cassures produites par les radicaux libres) (SFRP, 2002). Huels *et al.* (2003) quant à eux font état d'environ 8.10^{-4} cassures simple brin (SSB), de plus de 2.10^{-4} cassures double brin (DSB) et $0,8.10^{-4}$ multiples cassures double brin (MDSB) de l'ADN par électron incident dès que l'énergie déposée est supérieure à 30 eV et ce jusqu'à 100 eV. Ils observent également une élévation de l'incidence des cassures pour des énergies comprises entre 6 et 12 eV.

Il a été montré que le nombre de cassures double brin (DSB), les plus significatives en termes de radiotoxicologie, corrélait bien avec la survie cellulaire évaluée *in vitro* sur des modèles expérimentaux (Pomplun *et al.*, 2002).

Si elle ne permet pas d'extrapoler de manière fine d'une exposition au tritium à un effet sanitaire, notamment à long terme, l'approche microdosimétrique est quant à elle d'un grand intérêt s'agissant d'évaluer l'effet d'une faible contamination radioactive à l'échelon cellulaire. C'est l'évaluation même de l'efficacité biologique des rayonnements qui est interrogée par cette approche, et par conséquent les facteurs de pondération biologique Wr et les doses par unité d'incorporation (DPUI). Si les calculs de doses apprécient correctement une dose d'irradiation externe au corps entier, ils n'ont en revanche guère de signification à l'échelon cellulaire dans le cas d'une contamination en l'absence de telles données, la dose ponctuelle pouvant être beaucoup plus importante.

2.2.3. Une autre approche : l'évaluation de l'efficacité biologique relative (EBR) du rayonnement bêta de faible énergie du tritium

Une stratégie déjà largement développée chez l'animal consiste à comparer l'efficacité biologique respective d'un radioélément et d'un rayonnement de référence (X ou gamma du césium 137 ou du cobalt 60) et à établir ainsi un coefficient d'efficacité relative ou efficacité biologique relative (EBR). Cette EBR sera définie comme le rapport entre l'efficacité du rayonnement de référence et l'efficacité du radioélément à étudier (la dose de rayonnement de référence qui produit le même effet qu'une dose donnée du radioélément à étudier). Cette EBR conduira, à partir des effets qui ont été observés sur l'homme après l'irradiation subie par les populations d'Hiroshima et Nagasaki en 1945, à calculer les effets d'une exposition au radioélément de référence.

Cette technique permet d'étudier l'efficacité biologique différentielle du tritium, en fonction de divers paramètres (systèmes biologiques, formes du tritium, modalités de l'exposition, effets recherchés...) (Duport *et al.*, 1996 ; Paquet et Métivier, 2008 ; ICRP, 2007b).

En ce qui concerne l'apparition de tumeurs (effets aléatoires tardifs), l'efficacité biologique du tritium administré sous forme d'eau tritiée à faible dose et faible débit de dose serait 2,5 fois plus élevée que celle des rayons gamma, et 1,2 fois plus élevée que celle des rayons X de 250 keV, délivrés dans des conditions relativement comparables (*Health Protection Agency*, 2007 ; Little et Lambert, 2008). L'EBR du tritium organiquement lié est quant à elle peu documentée.

Pour ce qui est des effets cellulaires précoces, l'efficacité biologique cellulaire relative (EBR) du tritium notamment sous sa forme HTO, a fait l'objet de nombreuses études *in vivo* (animal) ou *in vitro* (animal, homme) : conversion de gènes chez des levures (Morisson *et al.*, 1981 ; Johnson *et al.*, 1985), survie cellulaire, micronoyaux, mutations ou transformation cellulaire chez la souris (Ueno *et al.*, 1982 ; Yamaguchi *et al.*, 1985 ; Zhou *et al.*, 1986, 1989), aberrations chromosomiques chez les poissons (Suyama *et al.*, 1981), chez la souris (Kozlowski *et al.*, 2001) ou dans les cellules humaines (Carsten et Commerford, 1976 ; Kamiguchi *et al.*, 1990a, 1990b ; Straume et Carsten, 1993 ; Tanaka *et al.*, 1994). Moiseenko *et al.* (1998) constatent pour leur part que l'irradiation due au tritium HTO est plus efficace que celle due au césium 137 en matière de cassures double brin dans des cellules, confirmant les observations cliniques précédemment citées sur les effets à long terme. L'efficacité biologique du tritium HTO serait ainsi une à deux fois plus élevée que celle des rayonnements X et gamma (Duport *et al.*, 1996).

2.3. Réflexion sur cette approche

La démarche exposée précédemment permet une approche des effets biologiques et sanitaires du tritium. Néanmoins, et par-delà les limites déjà soulignées, cette démarche soulève un certain nombre de questions. Ces questions se situent à différents niveaux.

2.3.1. Sur les formes du tritium étudiées

Le tritium se présente sous plusieurs formes. Toutes n'ont pas été également étudiées : les études disponibles concernent pour beaucoup l'exposition à l'eau tritiée.

Pourtant, près de 8 % du tritium incorporé (sous ses différentes formes) se retrouverait sous forme de *tritium organiquement lié* (OBT). Le temps de séjour de l'OBT dans l'organisme, très supérieur à celui de l'eau tritiée (jusqu'à cinquante fois plus dans les précurseurs de l'ADN comme la thymidine), ainsi que sa localisation dans la cellule, contribuent à augmenter l'irradiation subie par celle-ci et notamment par le noyau. La toxicité du tritium OBT est cependant moins documentée et les résultats des études disponibles présentent des variabilités importantes.

Ainsi, il a été montré chez l'animal que l'activité en tritium lié à l'ADN après ingestion de nourriture tritiée est 4,6 fois supérieure dans le foie à ce qu'elle est après ingestion d'eau tritiée. Le rapport est de 2,2 pour la dose engagée au foie. Ces résultats ont conduit à la conclusion que les doses calculées à partir de l'eau libre tritiée sous-estiment la dose réelle reçue par un individu absorbant de la nourriture tritiée (Komatsu *et al.*, 1990). Ce phénomène a également été démontré chez le rat après ingestion de céréales tritiées (Takeda et Iwakura, 1992), la contribution à la dose d'irradiation du tritium OBT étant selon Takeda (1991) deux fois plus élevée chez le rat que celle de l'eau tritiée. Des mutations, un effet sur la division et la mortalité cellulaires, des atteintes cérébrales chez les embryons de rongeurs et/ou les souriceaux exposés ont également été mis en évidence (Balonov *et al.*, 1993 ; Wang *et al.*, 1999 ; Hamby et Palmer, 2001 ; Richardson *et al.*, 2003), ces dernières conduisant à proposer une efficacité biologique relative de l'OBT pour le cerveau multipliée par 3. À partir des données de la littérature, De Vol et Powell (2004) pour leur part estiment que la dose efficace engagée suite à l'ingestion de tritium est sous-estimée d'un facteur 2,5 dans le cas de la nourriture « non-grain » et d'un facteur 12 dans le cas de la consommation de grains, où le tritium est surtout présent sous sa forme liée.

Etnier *et al.* ont décrit en 1984 une méthode de calcul de la dose engagée qui prend en compte l'incorporation directe du tritium organiquement lié dans les compartiments tissulaires à partir de l'alimentation. La dose corporelle engagée est multipliée par un facteur 1,7-4,5 par rapport à la dose « eau tritiée ». Hodgson *et al.* (2005) proposent quant à eux pour le tritium organiquement lié des DPUI supérieures d'un facteur 1,5 environ à celles qui sont actuellement retenues (tableau 3). Selon Lebaron-Jacobs et Flurÿ-Hérard (2007), les risques à court terme seraient deux à trois fois plus élevés suite à une contamination aiguë par le tritium organiquement lié (OBT) qu'après une contamination aiguë par l'eau tritiée (HTO). Chez l'homme adulte, la consommation d'aliments tritiés délivrerait une dose d'irradiation neuf fois plus élevée que la consommation d'eau tritiée (ICRP, 1990).

Par ailleurs, la toxicité du tritium serait considérablement augmentée (jusqu'à cinq mille et dix mille fois chez les embryons de rongeurs selon la molécule) lorsque le tritium est intégré à certaines molécules biologiques (acide folique, leucine, uridine, thymidine, arginine) (Lambert et Clifton, 1967, 1968 ; Streffer *et al.*, 1977 ; Rytömaa *et al.*, 1979 ; Yamada et Yuwaka, 1984 ; Müller *et al.*, 1986). Au demeurant, on ne connaît pas les niveaux d'incorporation du tritium organiquement lié dans l'ADN.

De même, on sait que le tritium passe la barrière placentaire et que le fœtus, dont les tissus sont à renouvellement rapide, constitue une population sensible au tritium organiquement lié. Mais les effets de celui-ci sur le fœtus humain ne sont pas connus.

Pour ce qui est des autres *composés organiques du tritium* et de ses *composés non organiques,* on ne dispose aujourd'hui que de peu d'études spécifiques.

2.3.2. *Sur l'évaluation de la dose efficace engagée*

L'évaluation de la dose engagée soulève trois ordres de questions, relatives aux modalités de l'exposition, au temps de résidence du tritium organiquement lié dans les organes et tissus (période biologique), et aux différentes formes du tritium prises en compte dans l'apport quotidien en tritium – certaines de ces questions n'étant pas spécifiques au tritium.

2.3.2.1. Les modalités de l'exposition

▶ LES CARACTÉRISTIQUES DE L'EXPOSITION

Tout d'abord, les études expérimentales disponibles portent en grande partie sur les conséquences de fortes doses d'exposition. On ne dispose aujourd'hui que de peu de données expérimentales sur les *expositions chroniques à faible dose et faible débit de dose.* Or cette situation est la plus caractéristique des populations vivant autour des sites nucléaires, voire des travailleurs eux-mêmes.

L'effet biologique d'un surcroît d'exposition lié par exemple à un relargage massif de radioactivité (restant ou non dans les limites autorisées) est probablement différent de celui généré par une irradiation chronique à faible dose et faible débit de dose. Le phénomène est bien connu en radiothérapie où, à doses égales (fortes doses), les irradiations chroniques à faible débit de dose sont mieux tolérées que les irradiations aiguës fractionnées (Tubiana, 1990). Pour cette raison même, les instances internationales ont retenu le principe d'un facteur d'efficacité deux fois plus important, à dose totale équivalente, pour une exposition à forte dose et fort débit de dose que pour une situation d'exposition chronique à faible dose et faible débit de dose (facteur d'efficacité de la dose et du débit de dose = DDREF[9] = 2). Or il ressort des études disponibles sur le tritium que la dose à l'organisme par unité incorporée après exposition chronique serait environ deux fois plus élevée qu'après contamination aiguë, qu'il s'agisse d'OBT ou de HTO (Lebaron-Jacobs et Flurÿ-Hérard, 2007). La relation dose-effet serait donc sous-estimée d'un facteur 4. Les quelques études disponibles sur ce sujet pour d'autres radionucléides font état de résultats analogues (IRSN, 2005).

9. *Dose and dose rate effectiveness factor.*

En marge de ces évaluations, la question est posée de la forme de la courbe dose-effet aux faibles et très faibles doses. Concernant par exemple la survie de certaines lignées de cellules de rongeurs exposées à des doses croissantes de thymidine tritiée, Sainteny *et al.* (2008) font ainsi état d'un effet délétère proportionnellement beaucoup plus important aux très faibles doses (courbe biphasique). De telles observations ont au demeurant été réalisées par de nombreux chercheurs avec d'autres matrices et d'autres radioéléments ou d'autres types de rayonnements (*e.g.* Dobson et Kwan, 1977 ; Zaka *et al.*, 2002). Ainsi, on a pu noter des anomalies de la spermatogenèse et une augmentation débit de dose dépendante des aberrations chromosomiques dans la moelle osseuse, la courbe dose-effet étant de type supralinéaire (Chenal *et al.*, 2001).

De manière plus générale, l'effet biologique d'une faible contamination cumulée sur toute une vie n'est pas connu chez l'homme. Il existe quelques données chez l'animal (irradiation chronique liée aux essais nucléaires).

Ensuite, le *facteur temps* n'est pas pris en compte. Il est supposé que l'exposition est uniforme dans le temps. Ce n'est probablement pas le cas autour des sites nucléaires ou en milieu industriel (caractère aléatoire des rejets, conditions météorologiques...).

Enfin, le modèle de calcul ne prend pas en compte *le contexte dans lequel la dose est délivrée.* Ainsi par exemple, le transfert de l'iode du sang vers la glande thyroïde dépend étroitement de l'apport quotidien en iode : plus cet apport est élevé, moins la fraction prélevée par la glande sera importante. Il conviendrait d'apprécier la pertinence de cette notion concernant le tritium (différence de masse entre hydrogène et tritium à l'origine de transferts et de transformations chimiques spécifiques (*Health Protection Agency*, 2007), unités de concentration tritium dans le milieu).

▶ LA SPÉCIFICITÉ DE LA CONTAMINATION INTERNE

L'évaluation de la dose engagée par une contamination interne intègre la sensibilité relative des différents tissus et organes aux effets aléatoires des rayonnements ionisants et repose en grande partie sur l'étude des conséquences de l'irradiation externe à laquelle les survivants des bombardements de Hiroshima et Nagasaki ont été exposés, et plus précisément sur le principe d'une répartition homogène de la dose reçue dans les organes et tissus (« dose à l'organe »). Or les voies d'exposition au tritium sont l'inhalation, l'ingestion et la voie transcutanée. Il s'agit donc exclusivement d'une contamination interne, dont les effets sont encore en partie mal connus. Il convient en outre de rappeler que si le tritium sous forme HTO est très mobile et se retrouve dans toutes les molécules hydrogénées et notamment dans l'eau, c'est-à-dire dans l'ensemble de l'organisme, ce n'est pas le cas de la forme la plus efficace du tritium (OBT). On trouve en effet le tritium OBT dans les cellules ayant de forts besoins énergétiques ou dans les cellules à renouvellement rapide, notamment au niveau de l'ADN, et son comportement ainsi que sa toxicité sont eux-mêmes encore mal connus. Le risque lié à une contamination de cellules de rongeur par la rhymidine tritiée serait ainsi sous-évalué d'un facteur 6 (Ueno *et al.,* 1989). Il convient à cet égard de développer les études de microdosimétrie (voire de nanodosimétrie) : évaluation des transferts linéiques d'énergie dans les voxels[10], établissement de corrélations avec des effets biologiques, puis avec d'éventuels effets sanitaires, en tenant compte des phénomènes de réparation voire d'adaptation-sélection à l'échelon cellulaire.

Par ailleurs, il convient de tenir compte, dans les phénomènes de contamination interne, d'éventuels effets chimiques associés à la désintégration des noyaux radioactifs. Ainsi dans le cas du tritium, la transmutation du tritium en hélium, à l'origine de l'acquisition d'une charge positive par l'ion carbone de la liaison initiale C-H dans la molécule organique. Hormis dans des configurations particulières (Krasin *et al.,* 1976), ce phénomène semblerait néanmoins avoir un impact biologique (mutagenèse) relativement limité (Carsten, 1979 ; Feinendegen et Bond, 1971). La possibilité d'une rupture de liaisons carbone-hydrogène provoquée par l'énergie de recul produite par la désintégration du tritium peut également être envisagée (NRCP, 1979).

2.3.2.2. *Le temps de résidence du tritium organiquement lié et de l'eau tritiée dans les organes et tissus*

Le temps de séjour du tritium dans l'organisme est un des facteurs qui contribuent à la dose efficace engagée. Le modèle biocinétique retenu par la Commission internationale de protection radiologique (1993) considère qu'en cas d'ingestion de tritium, une partie de celui-ci est retenue sous forme d'eau tritiée (97 % et 50 % selon que le tritium est ingéré sous forme d'eau tritiée ou de tritium organiquement lié) avec une période biologique de 10 jours, et sous forme de tritium organiquement lié (3 % et 50 %) avec une période biologique de 40 jours (*supra* § 1.).

Divers auteurs considèrent aujourd'hui que le temps de séjour du tritium dans l'organisme doit être réévalué. Lebaron-Jacobs et Flurÿ-Hérard (2007) distinguent ainsi :

– une période biologique de 10 jours pour plus de 92 % du tritium ;

10. Unité de volume cellulaire en imagerie 3D en biologie.

– des périodes biologiques moyennes, variables en fonction de l'âge, de 0,75 à 22 jours en fonction des sous compartiments pour moins de 3 % du tritium ;
– une période biologique moyenne d'environ 450 jours pour moins de 1 % du tritium.

La question de la période biologique du tritium organiquement lié mérite d'être approfondie, en lien avec sa distribution dans les organes et tissus. Hisamatsu *et al.* (1992) font ainsi état de fortes concentrations de tritium OBT dans les tissus osseux de la cage thoracique (cartilage des côtes, sternum) de sujets japonais, comparées à sa concentration dans les autres tissus, et d'une grande variabilité de sa période biologique, la demi-vie de cet OBT étant estimée respectivement à 57 ans et moins de 6 ans.

Étant donné le manque de données relatives à la biocinétique des divers composés organiques du tritium, la Commission internationale de protection radiologique (CIPR) considère pour sa part qu'il n'est pas réaliste de proposer un modèle unique pour le tritium OBT (ICRP, 2007a).

En ce qui concerne par ailleurs la toxicité de l'eau tritiée, il convient de tenir compte de situations particulières, où son temps de séjour dans l'organisme et par conséquent les effets biologiques sont plus importants que ce qui est habituellement retenu. C'est ainsi le cas de l'accumulation de tritium sous forme d'eau tritiée dans l'espace extra cellulaire de l'ADN (dans les couches d'hydratation qui entourent les molécules d'ADN) (*Health Protection Agency*, 2007).

2.3.2.3. Le modèle biocinétique et la forme du tritium incorporé prise en compte dans l'évaluation de la dose engagée

De nombreuses inconnues subsistent s'agissant de la biocinétique du tritium dans et entre les milieux et les organismes, concernant notamment le rapport tritium lié/eau tritiée, ainsi qu'un éventuel phénomène de bioamplification le long des chaînes trophiques[11]. Cette question est de première importance en radioprotection. Ainsi, le modèle biocinétique décrit chez l'adulte pour l'eau tritiée et les composés organiques (CIPR, 1989) suppose que l'apport quotidien en tritium est composé à 90 % d'eau tritiée et à 10 % de tritium organiquement lié. Or diverses études font état d'un ratio OBT/HTO différent voire inverse dans l'alimentation (Bogen *et al.,* 1979 ; Clemente *et al.,* 1979).

11. *Cf.* chapitre 4.

2.3.3. Sur les effets sanitaires étudiés

Les effets sanitaires possibles d'une contamination de l'homme par le tritium ne se limitent pas aux effets aléatoires retenus pour fixer les normes de radioprotection (CIPR, 1990 ; 2007b)[12].

En premier lieu, les effets aléatoires pris en compte par la CIPR sont les cancers et les effets héréditaires apparaissant sur les deux premières générations (ICRP, 2007b)[13].

Sur le premier point, une augmentation dose dépendante de l'incidence de pathologies non cancéreuses ont déjà été mises en évidence. Ainsi une augmentation des pathologies thyroïdiennes a été rapportée chez les populations des Îles Marshall soumises aux retombées des essais nucléaires atmosphériques (Hamilton *et al.,* 1987 ; Ron *et al.,* 1989), ainsi que chez les survivants des bombardements d'Hiroshima et Nagasaki (Wong *et al.*, 1993 ; Thompson *et al.*, 1994). De même, une augmentation significative de l'incidence des décès dus à des pathologies digestives, respiratoires, cardiaques et par congestion cérébrale a été mise en évidence plus récemment sur cette dernière population. Cette augmentation, qui apparaît pour une exposition à des doses > 0,5 Sv, est dose dépendante (Preston *et al.*, 2003). Les pathologies liées à la contamination interne par le tritium seraient donc à étudier également sous cet angle, les données humaines étant à cet égard pratiquement inexistantes. On peut citer dans la ville de Pickering (Ontario, Canada) une corrélation entre mortalité néonatale et rejets liquides de tritium par la centrale entre 1974 et 1985, une augmentation de 80 % du syndrome de Down, ainsi qu'une corrélation également significative entre les niveaux élevés de tritium rejeté dans l'environnement et l'incidence des anomalies du système nerveux central à la naissance (AECB, 1991b in CERI, 2003 ; *Health Protection Agency*, 2007). Cette étude souffre néanmoins de plusieurs biais méthodologiques.

En ce qui concerne les effets héréditaires radio induits, la question se pose de la pertinence de leur limitation aux deux premières générations. Il est ainsi acquis que les maladies dominantes autosomiques et les maladies récessives liées au sexe peuvent se manifester jusqu'à la cinquième ou la sixième génération après l'exposition (UNSCEAR, 2001). Par ailleurs et selon B. Dutrillaux cité par Smeesters (2006), plusieurs générations sont nécessaires pour voir s'exprimer les mutations autosomiques récessives, leur expression pathologique étant en outre difficile à diagnostiquer du fait même de leur rareté. De plus, les pathologies radioinduites

12. *Cf.* paragraphe 2.1.2.

13. En 1990 : les effets héréditaires graves sur dix générations (ICRP, 1990).

d'origine multifactorielle font intervenir des mécanismes génétiques multiples dont il est difficile de prédire l'effet sur les générations futures. Il en est ainsi de l'instabilité génomique transmissible dont la réalité a été démontrée chez l'animal (*cf.* ci-après). Enfin, les effets d'une contamination interne sont, comme cela a été développé précédemment, mal connus. Or les données humaines de référence de la CIPR proviennent essentiellement de l'étude des conséquences de l'irradiation des populations d'Hiroshima-Nagasaki.

Au chapitre des effets déterministes, une destruction des cellules de la moelle hématopoïétique après contaminations chroniques massives a été signalée, ainsi que deux cas de décès avec signes cliniques d'irradiation aiguë chez des travailleurs exposés au tritium (Seelentag, 1973 ; Lebaron-Jacob et Flury-Hérard, 2007).

Enfin, au niveau des effets cellulaires, Milacic (2004) signale chez des travailleurs contaminés de manière importante par le tritium (3 460 $Bq.L^{-1}$ d'activité bêta dans les urines) des changements morphologiques des granulocytes (dans 47 % des cas), ainsi qu'une diminution de l'activité enzymatique dans ces mêmes cellules. Il note des aberrations chromosomiques lymphocytaires dans près de 50 % des cas. La question se pose de la caractérisation (aléatoires ou déterministes) de ces effets biologiques, ainsi que de leur éventuelle traduction clinique.

Très peu de données sont disponibles concernant les différents types d'effets susceptibles d'être associés chez l'homme à une exposition au tritium, qu'il s'agisse d'effets aléatoires ou d'effets déterministes.

Pourtant, les différents types d'effets potentiels sur la santé, qu'ils soient ou non réputés apparaître pour des niveaux d'exposition inférieurs aux limites de dose efficace définies en radioprotection, doivent être explorés.

Les effets du tritium sur l'animal sont un peu plus documentés. Ils concernent tout d'abord la reproduction. En effet, le tritium s'incorpore aux gamètes et ses effets se manifestent de manière spécifique sur la fertilité. Ainsi, Knownles et Greenwood (1997) ont montré que dès 7,3 $mGy.h^{-1}$ la survie des œufs des annélides polychètes *Ophryotrochoa diadema* était significativement réduite. À niveau d'exposition égal, plus particulièrement aux faibles doses, le tritium est plus destructeur des oocytes de la souris que les rayons gamma émis par le cobalt 60 (Dobson et Kwan, 1977), et pour de faibles doses de tritium intégrées, les cellules germinales femelles sont quatre fois plus sensibles chez le singe, animal proche de l'homme, que chez la souris (Dobson, 1979). On observe également une diminution du nombre d'oocytes chez la souris femelle après ingestion par la mère d'eau tritiée ou de tritium OBT pendant la période de gestation (passage de la barrière placentaire) (Török *et al.,* 1979 ; Dobson, 1979 ; Pietzrak-Flis *et al.*, 1982). Par ailleurs, Bhatia (2005) fait état d'une affinité particulière de l'eau tritiée pour les graisses du cerveau et les cellules du cervelet. Il a mis en évidence une diminution du volume et une stimulation de la pycnocytose de certaines cellules du cervelet chez des souris âgées de une à trois semaines soumises à un traitement par eau tritiée. Cet effet est plus important que dans le cas d'une irradiation aux rayons X (*in* Behar et Boulakia, 2008). De même, Wang *et al.* (1999) ont étudié l'effet de rayons X, de l'eau tritiée et d'une OBT (la methyl-H_3-thymidine) sur des cultures de cellules embryonnaires cérébrales de souris. Ils ont observé dans tous les cas une diminution de la division cellulaire et une augmentation de la production de P53 (protéine impliquée dans le déclenchement de l'apoptose ou mort cellulaire programmée). Zamenhof et van Marthens (1979), Török *et al.* (1979), Hamby et Palmer (2001) et Richardson et Dunford (2003) soulignent quant à eux une toxicité particulière des OBT pour le cerveau. Enfin, des malformations congénitales touchant les systèmes vasculaire et cardio-vasculaire, respiratoire, ainsi que le squelette ont également été mises en évidence chez le rat dans le cas d'une exposition de la mère à du tritium HTO ou OBT après la conception (Zamenhof et van Marthens 1979 ; Satow *et al.*, 1987 ; Lee *et al.*, 1988). Pietzrak-Flis *et al.* (1982) mesurent d'ailleurs des concentrations importantes de tritium OBT dans les poumons et dans les ovaires de rats alimentés avec de la nourriture tritiée, et dans une moindre mesure dans les testicules et les poumons de rats abreuvés avec de l'eau tritiée. Le caractère dose-dépendant de l'effet ainsi que l'absence de seuil sont attestés dans certaines de ces études.

Plus généralement, il conviendrait de prendre en compte les phénomènes que sont l'effet de voisinage et l'instabilité génomique transmissible (effets dits non ciblés). En effet, diverses modifications (mutations, réduction de la survie...) peuvent être induites dans les cellules non irradiées situées au voisinage des cellules irradiées. Ainsi, une cellule irradiée par quelques particules alpha est capable de déclencher des processus importants au niveau des cellules voisines non irradiées, notamment l'activation de certains oncogènes. L'information est transmise par des médiateurs chimiques au travers de la membrane cellulaire. C'est l'effet de voisinage ou « *bystander effect* » (Mothersill et Seymour, 1998). En ce qui concerne le tritium, de nombreux travaux utilisant des molécules marquées ont été réalisés. Ainsi Geraschchenko et Howell (2004, 2005) constatent que les cellules voisines de celles qui ont été marquées par le tritium prolifèrent. Persaud *et al.* (2005, 2007) signalent que les cellules voisines de celles ayant reçu une faible dose d'irradiation (transfert linéique d'énergie faible) mutent. Cela signifierait que dans cette gamme de dose, l'effet de l'irradiation est proportionnellement plus important qu'aux doses élevées, et pourrait expliquer la forme supralinéaire de la courbe dose-effet pour les faibles et très faibles doses sur certains systèmes biologiques (Chenal *et al.*, 2001 ; Zaka *et al.*, 2002).

L'instabilité génomique transmissible quant à elle se traduit par la survenue d'altérations biologiques diverses (remaniements chromosomiques, mutations, réduction de la survie cellulaire...) après plusieurs divisions successives de la cellule irradiée ou d'une cellule située dans le voisinage de celle-ci. Ainsi, des mutations au niveau des minisatellites ont été mises en évidence dans la descendance de parents irradiés à faibles doses lors d'essais nucléaires (Dubrova, 2003). Ces mutations sont probablement responsables d'une instabilité génomique transmissible, pouvant rendre la descendance plus sensible à d'autres agents mutagènes notamment d'origine environnementale. La question se pose de l'horizon générationnel auquel ces effets sont susceptibles de se produire, dans un contexte où les effets héréditaires retenus par les instances internationales en matière de radioprotection se limitent aujourd'hui aux deux générations suivant l'exposition (Little, 2002 ; ICRP, 2007b).

La question se pose en outre de l'existence d'une éventuelle réponse adaptative. Comme cela est indiqué plus haut, on ne connaît pas les mécanismes de réponse cellulaire aux effets du tritium. Existe-t-il un processus par lequel une première irradiation à faible dose réduirait les effets d'une irradiation à forte dose délivrée ultérieurement ? Olivieri *et al.* (1992, cité par Duport *et al.*, 1996) ont ainsi observé moins d'aberrations dans des lymphocytes humains cultivés dans un milieu contenant de la thymidine tritiée puis exposés (dans les 48 à 72 heures) à un rayonnement X de 1,5 Gy, qu'ils n'en ont observé suite des expositions séparées à la thymidine tritiée et au rayonnement X.

En conclusion, on ne connaît pas les mécanismes de réponse cellulaire aux effets du tritium (réparation, mortalité cellulaire, mutagenèse) (Lebaron-Jacob et Flüry-Hérard, 2007).

Il convient en outre de rappeler que si les expérimentations portant sur les effets cellulaires du tritium sont relativement nombreuses, elles ne permettent pas d'extrapoler de manière fine à un éventuel effet sanitaire.

2.3.4. Sur l'évaluation de l'effet : la détermination de l'efficacité biologique relative du tritium (EBR)

Comme cela est apparu plus haut concernant l'évaluation de l'efficacité biologique du tritium, la cytotoxicité des rayonnements X ou gamma chez l'homme *in vitro* serait significativement plus importante à faible énergie qu'à énergie plus importante. Ainsi, rayons X de 20 keV > rayons X de 200 keV > énergies des rayonnements gamma de ^{60}Co (1173 et 1333 keV) (Ellet et Braby, 1972 ; Ujeno, 1983 ; Sasaki, 1991 ; Frankenberg *et al.*, 2002 ; Kellerer, 2002 ; Schmid *et al.*, 2002 ; Guerrero-Carbajal *et al.* 2003 ; Paquet et Métivier, 2008). De même, à partir de modèles mathématiques qui permettent de suivre les dépôts d'énergie dans la matière en fonction du spectre d'émission des électrons (méthode de Monte-Carlo) et en utilisant un ADN modélisé, il a été trouvé que l'iode 125 (γ_{moyen} 42 keV) produit beaucoup plus de cassures de brins d'ADN que l'iode 123 (γ_{moyen} 173 keV)[14]. Trabalka et Kocher (2007) font des constatations analogues concernant l'induction de cancers chez l'animal après exposition au tritium.

Cette remarque est particulièrement vraie pour les expositions à de faibles doses et faibles débits de dose (Dobson et Kwan, 1977 ; Dobson, 1979 ; Ujeno, 1983 ; Sainteny *et al.*, 2008), alors que les études disponibles sur le tritium concernent en majorité des expositions à de fortes doses et forts débits de dose[15]. En outre, les énergies des rayons gamma utilisées pour la détermination expérimentale de l'EBR du tritium sont plus faibles que celles qui ont été délivrées à Hiroshima et Nagasaki (Young et Kerr, 1995). Ces observations conduisent à s'interroger sur une éventuelle sous-estimation de l'efficacité biologique relative du tritium en matière d'effets aléatoires.

2.3.5. De la pertinence des coefficients de dose proposés par la CIPR

L'ensemble des questions soulevées précédemment conduit à interroger la pertinence des coefficients de dose qui sont proposés pour le tritium par la Commission internationale de protection radiologique[16].

Au demeurant, la CIPR considère qu'une incertitude est associée à l'évaluation de ces coefficients de dose.

Selon Harrison *et al.* (2002), cette incertitude serait pour l'adulte plus élevée que celle qui est retenue par la CIPR (d'un facteur 2 pour l'eau tritiée et 3 pour le tritium organiquement lié). Elle serait plus importante pour les enfants et le fœtus. Cette incertitude serait selon certains auteurs beaucoup plus élevée (CERI, 2003 ; CERRIE, 2004).

3. Conclusion

La radioprotection individuelle repose sur l'estimation du risque par unité de dose efficace engagée ainsi que sur la définition de limites annuelles de doses efficaces engagées et de doses par unités d'incorporations (DPUI), la fonction de

14. La désintégration des iodes 123 et 125 s'accompagne de l'émission de rayonnements γ de 32 ± 4 keV (rendement de fission total = 87 % et 147 % respectivement), ainsi que pour l'iode 123 d'un rayonnement γ de 159 keV (rendement de fission = 83 %).

15. *Cf.* paragraphe 2.3.2.

16. *Cf.* paragraphe 2.1.

ces dernières étant de préciser quelle dose efficace sera engagée à l'organisme par unité d'incorporation et donc de dose absorbée. Tout comme les limites de dose engagée, les DPUI concernent les effets aléatoires. Elles intègrent la sensibilité relative des différents organes et tissus, et varient avec le radionucléide, sa forme physico-chimique, la voie d'atteinte, l'âge des sujets exposés. Les DPUI aujourd'hui disponibles pour le tritium présentent ainsi une amplitude de près de cinq ordres de grandeur. Elles sont parmi les moins élevées, et le tritium est considéré comme faiblement radiotoxique.

Ces valeurs ne sont cependant pas étayées par des données épidémiologiques humaines mais par des études animales ou des études cellulaires *in vitro*. De plus, la plupart de ces études, conduites notamment dans les années 1970 à 1990, ont porté sur le comportement et la toxicité de l'eau tritiée, et non sur les formes organiquement liées du tritium dont la toxicité peut être très supérieure à celle de l'eau tritiée (jusqu'à quatre ordres de grandeur). Cela est le fait notamment de sa localisation dans la cellule et de sa période biologique (qui varie d'ailleurs considérablement selon les tissus ou organes et les molécules marquées). L'exposition aiguë due à une contamination par du tritium organiquement lié serait ainsi deux à trois fois plus toxique à court terme que l'exposition aiguë à une contamination par de l'eau tritiée. Cependant, les effets du tritium organiquement lié sur les populations les plus sensibles (fœtus) sont mal documentés et ne sont pas pris en compte dans l'évaluation du coefficient de dose (DPUI). De même, la question des effets des composés non organiques et des autres composés organiques du tritium a fait l'objet de peu d'études spécifiques. Par ailleurs, l'évaluation de la dose engagée ainsi que de l'efficacité relative du tritium repose sur un certain nombre de postulats aujourd'hui remis en question, tel celui d'une moindre toxicité, au regard des effets aléatoires, d'une exposition reçue à faible dose et faible débit de dose. Selon certains auteurs, une exposition chronique au tritium serait ainsi deux fois plus toxique qu'une exposition aiguë, qu'il s'agisse d'eau tritiée ou de tritium organiquement lié, de sorte que l'effet des expositions chroniques serait aujourd'hui sous-estimé d'un facteur 4. Pourtant, les études disponibles ont souvent été conduites avec de fortes doses de tritium. Les modèles biocinétiques utilisés pour évaluer la dose engagée suscitent également des interrogations, du fait précisément du comportement spécifique du tritium lié à des molécules organiques. Enfin, et ce phénomène n'est pas propre au tritium, les effets sanitaires étudiés sont essentiellement limités aux effets traditionnellement considérés comme aléatoires, notamment aux cancers, et à leurs précurseurs (effets cellulaires précoces). Or il conviendrait d'explorer l'ensemble des effets aléatoires, ainsi que les effets considérés à ce jour par la communauté internationale comme des effets déterministes, et de tenir compte de phénomènes qui font aujourd'hui l'objet d'une attention particulière, à savoir les effets dits « non ciblés » (effet de voisinage, instabilité génomique transmissible…) et l'existence d'une éventuelle réponse adaptative.

La réponse à l'ensemble de ces questions pourrait être de nature à modifier les données établies par les instances internationales concernant la dose engagée à l'organisme par unité d'incorporation, et par voie de conséquence à modifier les niveaux annuels d'incorporation en tritium correspondant aux limites annuelles de dose efficace engagée par le public (notamment pour les jeunes enfants) et par les travailleurs, ainsi qu'à prendre en compte le fœtus dans la définition de ces limites.

Divers groupes de scientifiques, tels que le CERI (CERI, 2003), le CERRIE (CERRIE, 2004) ou AGIR (HPA, 2007), nuancent pour leur part fortement les recommandations de la CIPR, et préconisent d'une part la mise en œuvre d'études épidémiologiques et d'autre part le développement de la recherche selon trois axes : les effets sanitaires du tritium, notamment l'identification et la caractérisation d'éventuels effets à des stades vitaux radiosensibles (fœtus), la biocinétique du tritium, notamment au niveau cellulaire et aux faibles doses et faibles débits de dose, et l'efficacité biologique relative (EBR) du tritium. Les différentes formes du tritium sont concernées par ces préconisations (eau tritiée, tritium organiquement lié et autres composés tritiés). En tout état de cause, il conviendrait de quantifier de manière circonstanciée l'incertitude associée aujourd'hui à l'évaluation des coefficients de dose (DPUI).

Dans une perspective de prévention et afin de maîtriser « en amont » l'exposition des populations, il conviendrait enfin de définir des limites de contamination des aliments et des milieux dites « limites dérivées » établies, à l'instar des limites dérivées définies par le NRPB, pour les situations normales et pour les populations les plus sensibles, en fonction de leurs modes de vie et notamment de leurs pratiques alimentaires (NRPB, 1987). En effet, on ne dispose aujourd'hui que de la valeur limite proposée par l'Organisation mondiale de la santé (2004) pour les eaux de boisson (10 000 $Bq.L^{-1}$)[17] et de la valeur indicative de 100 $Bq.L^{-1}$ donnée par la directive européenne 98/83/CE. Il n'existe pas de limite dérivée ou de valeurs indicatives pour les produits alimentaires et pour l'air en situation normale.

17. Cette limite correspond, pour un adulte et pour un enfant de moins de 1 an respectivement à 13 % et 45 % de la limite annuelle d'exposition aux rayonnements ionisants telle qu'elle découle des limites de dose et des doses par unité d'incorporation retenues aujourd'hui par la communauté internationale (*cf.* paragraphe 2.1.5). Elle concerne essentiellement l'eau tritiée, et laisse donc peu de place à l'ingestion de tritium organiquement lié ainsi qu'à d'autres sources d'exposition. À noter que ces limites sont très variables selon les pays, *e.g.* de 740 $Bq.L^{-1}$ aux États-Unis à 76 000 $Bq.L^{-1}$ en Australie (CCSN, 2008). Cette dernière excède pour les enfants de moins de 1 an la limite annuelle de dose efficace admise par la communauté internationale.

Au demeurant, une telle démarche se heurte au manque de données relatives au comportement du tritium dans l'environnement et dans les organismes vivants, notamment sous sa forme organiquement liée, et donc à la difficulté de modéliser le transfert du tritium et d'évaluer la dose à l'homme à partir de la connaissance du terme source.

Conclusion

Les préoccupations exprimées aujourd'hui au sujet du tritium sont de deux ordres. Elles concernent tout d'abord les connaissances relatives à la biocinétique et aux effets sanitaires du tritium. Elles concernent également l'opportunité d'une augmentation des autorisations de rejet en tritium qui sont délivrées aux exploitants des centres nucléaires de production d'électricité par les autorités de contrôle.

Pour tenter d'appréhender le fondement de ces préoccupations, il convenait au préalable d'étudier le tritium sous ses différents aspects.

Un inventaire des sources de tritium, ainsi qu'un historique des rejets et des déchets produits par ces différentes sources ont tout d'abord permis de caractériser les grandes tendances de leur évolution. Une description des phénomènes de transfert du tritium au sein et entre les différents compartiments de l'environnement a par ailleurs fait apparaître l'extrême complexité de ces processus, du fait notamment des différentes formes sous lesquelles se présente le tritium. Il a été montré comment et dans quelle mesure les études de modélisation, contribuent pour leur part à la quantification de ces transferts au sein de la biosphère. Un état des lieux de la contamination des différents milieux (atmosphérique, aquatique, terrestre) et son évolution dans le temps a également été réalisé. Les contaminations ainsi mesurées ont été mises en perspective avec les activités considérées comme représentatives du bruit de fond et avec l'évolution des rejets effectués par les installations nucléaires. Les méthodes et outils de mesure de l'activité du tritium dans les différents milieux ont été présentés. Enfin, les bases de la radioprotection ont été développées, les connaissances relatives aux effets biologiques et sanitaires du tritium explorées, les méthodologies mises en œuvre interrogées.

Quels enseignements peut-on tirer de cette étude, qui contribuent à répondre aux préoccupations exprimées aujourd'hui ?

Un certain nombre d'interrogations émergent, qui concernent les transferts des différentes formes de tritium au sein de l'environnement, les effets biologiques et sanitaires du tritium ainsi que les méthodologies mises en œuvre.

On constate tout d'abord que la biocinétique et les effets sanitaires des différentes formes de tritium ne sont pas également documentés. Ainsi, les connaissances relatives à la biocinétique et aux effets sanitaires des composés non organiques et des composés organiques du tritium non liés à la matière biologique sont très limitées. Aucune étude épidémiologique ne porte sur les effets sanitaires du tritium organiquement lié (lié à la matière biologique), les études consacrées aux effets sanitaires de l'eau tritiée étant souvent entachées de nombreux biais méthodologiques. Les études expérimentales portent quant à elles de manière privilégiée sur l'eau tritiée, plus rarement sur le tritium organiquement lié.

Ces dernières études témoignent néanmoins de l'apparition d'effets dits aléatoires (cancers, effets sur la descendance, effets cytogénétiques) et d'effets systémiques ou fonctionnels (dont le caractère aléatoire ou déterministe est pour certains aujourd'hui au débat). Si ces observations soulèvent de nombreuses questions et doivent être considérées avec réserve, les données relatives à la distribution et la rémanence du tritium dans les tissus et les organes (notamment au niveau de l'ADN cellulaire) laissent cependant présager l'existence d'effets biologiques qui peuvent être très différents, et en tout état de cause supérieurs, à ceux du gaz et de l'eau libre tritiés.

On est donc fondé à s'interroger sur la biocinétique du tritium organiquement lié dans les différents compartiments de l'environnement. Quelle est la concentration relative de tritium organiquement lié et d'eau tritiée dans les différents organismes et dans la chaîne alimentaire ? Assiste-t-on à une amplification de la concentration en tritium le long des chaînes trophiques, c'est-à-dire avec le niveau de complexité des organismes ? Quel est chez l'homme l'apport quotidien en tritium sous ses différentes formes ?

En ce qui concerne le rapport tritium organiquement lié/eau tritiée dans les organismes et les milieux, les études disponibles présentent des résultats contradictoires. De nombreuses études font toutefois état d'un rapport supérieur à 1. Par ailleurs, aucun élément ne permet d'exclure l'existence d'un phénomène de bioamplification du tritium le long de certaines chaînes trophiques. Les études sur cette question sont cependant quasi inexistantes. Quant à l'apport quotidien en tritium sous ses différentes formes, il est peu documenté. Des études circonstanciées sont par conséquent requises sur l'ensemble de ces points.

Enfin, on note un manque de données concernant les effets sanitaires du tritium autres que les cancers et les effets héréditaires notamment chez l'homme, certains effets biologiques éventuellement induits par la désintégration du tritium au niveau de l'ADN, les effets non ciblés (effet de voisinage, instabilité génomique transmissible), ainsi que l'existence d'une éventuelle réponse adaptative.

Des réponses pourront être apportées à l'ensemble de ces interrogations par la mise en œuvre de programmes de recherche ambitieux, tant au niveau de la réalisation d'études épidémiologiques et expérimentales que du développement de la modélisation des transferts et des outils de mesure des contaminations. Ce type d'études n'est pas sans poser des questions d'ordre méthodologique, et rencontrent des limitations d'ordre technique et/ou scientifique. Le développement d'une telle recherche se heurtera par conséquent à de nombreuses questions auxquelles il conviendra d'apporter des réponses adéquates.

Dans ce contexte, on a observé en France une diminution puis une stabilisation des rejets (atmosphériques notamment) des installations nucléaires de base secrètes (INBS) au cours des vingt-cinq dernières années. Cette tendance fait suite à l'arrêt d'activités militaires, ainsi qu'à l'optimisation de processus industriels et de la gestion des effluents.

Néanmoins, cette tendance est relativisée depuis le début de cette même période, et de manière plus significative depuis le début des années 1990, par l'augmentation des rejets tritiés du centre de retraitement des combustibles irradiés de La Hague ainsi que, depuis le milieu des années 1990, par l'augmentation des rejets réalisés par les centres nucléaires de production d'électricité (CNPE). Cette augmentation contribue au demeurant à resserrer l'écart entre l'activité globale en tritium d'origine naturelle et l'activité en tritium anthropique produit en France, tendance qui pourrait s'accentuer dans le futur avec la mise en service de *l'International Thermonuclear Experimental Reactor* (ITER).

Ces évolutions se sont traduites dans les niveaux de contamination mesurés dans l'environnement des sites nucléaires, contamination qui peut être aujourd'hui supérieure de plusieurs ordres de grandeur aux activités considérées comme représentatives du bruit de fond.

Il convient également de mentionner l'existence de volumes importants de déchets tritiés, provenant essentiellement des activités militaires passées, et qui seront abondés dans l'avenir par l'exploitation d'ITER. Le tritium contenu dans ces déchets étant très volatil, il est indispensable de disposer de structures d'entreposage pour décroissance naturelle et de stockage définitif fiables.

De manière plus générale, les sources principales de tritium anthropique présentent les vulnérabilités propres aux systèmes complexes contemporains, ainsi que des risques d'accident à fort potentiel catastrophique. Leurs effets positifs sont au débat. Leurs effets délétères potentiels, rendus saillants par l'expérience de l'accident de Tchernobyl, sont perçus comme menaçants et ont longtemps été niés par les acteurs sociaux. L'ensemble de la problématique « tritium » est fortement marquée par l'absence de contrôle individuel sur le risque, ainsi que par l'incertitude et le manque de connaissances scientifiques concernant notamment le comportement et la toxicité du tritium. Or elle s'inscrit dans le contexte social d'une exigence croissante en matière de contrôle individuel, de santé et de prévention.

Les éléments sont donc réunis d'une incompréhension par le public de la révision à la hausse des autorisations de rejet en tritium par les installations nucléaires, et plus généralement d'une interrogation sur le bien-fondé des rejets en tritium dans l'environnement.

Références bibliographiques

AECB (1989). *Childhood Leukemia around Canadian Nuclear Facilities - Phase I.* A Report prepared by the Ontario Cancer Treatment and Research Foundation. Ottawa, Canada.

AECB (1991a). *Childhood Leukemia around Canadian Nuclear Facilities - Phase II-Final Report.* A Report prepared by the Ontario Cancer Treatment and Research Foundation. AECB-INFO-0300-2. Ottawa, Canada.

AECB (1991b). *Tritium Releases from the Pickering Nuclear Generating Station and Birth Defects and Infant Mortality in Nearby Communities 1971-1988,* Atomic Energy Control Board, Report INFO-0401. Ottawa, Canada.

Agence internationale de l'énergie atomique (AIEA) (1997). Normes fondamentales internationales de protection contre les rayonnements ionisants et de sûreté des sources de rayonnement. *Collection Sécurité* n° 115.

Amill R (2000). Les rejets des installations nucléaires de bases secrètes relevant de la responsabilité du ministre chargé de l'industrie. *Contrôle*, **137** : 35-38.

ANDRA (2009). *Inventaire national des matières et déchets radioactifs* - Rapport de Synthèse. 243 pages. http://www.andra.fr/download/site-principal/document/inventaire/351.pdf.

ANDRA (2009). *Évolution des activités annuelles en tritium rejetées à la cheminée de l'ACD.* Communication CLI de Soulaines. 2009.

Aoki T, Kurihara N, Yamamoto K, Ujeno Y (1988). Tritium concentration in various organs of Japanese bodies. *Radiat Res*, **29** : 58 (résumé).

Arrêté du 3 mai 1995 relatif à l'autorisation de rejet d'effluents radioactifs gazeux par le centre d'études de Bruyères-le-Châtel. *Journal officiel de la République française*, 12 mai 1995, 8001-8003.

Arrêté du 3 mai 1995 relatif à l'autorisation de rejet d'effluents radioactifs liquides par le centre d'études de Bruyères-le-Châtel. *Journal officiel de la République française*, 12 mai 1995, 8003-8005.

Arrêté du 3 mai 1995 relatif à l'autorisation de rejets d'effluents radioactifs gazeux par le centre d'études de Valduc. *Journal officiel de la République française*, 12 mai 1995, 8000-8001.

Arrêté du 02 février 1999 autorisant EDF SA à poursuivre les prélèvements d'eau et rejets d'effluents liquides et gazeux pour l'exploitation du site nucléaire de Saint-Laurent-des-Eaux. *Journal officiel de la République française*, 30 avril 1999, 6477-6490. Modifié par arrêté du 21 février 2006.

Arrêté du 10 janvier 2003 autorisant la Compagnie générale des matières nucléaires à poursuivre les prélèvements d'eau et les rejets d'effluents liquides et gazeux pour l'exploitation du site nucléaire de La Hague. *Journal officiel de la République française*, 11 janvier 2003, 625-641. Modifié par arrêté du 8 janvier

2007. *Journal officiel de la République française*, 10 janvier 2007, 532-546.

Arrêté du 20 mai 2003 relatif à l'autorisation de prélèvements d'eau et de rejets d'effluents liquides et gazeux pour l'exploitation du site nucléaire de Chinon. *Journal officiel de la République française*, 6 juillet 2003, 11478-11494. Modifié par arrêté du 17 août 2005. *Journal officiel de la République française*, 20 octobre 2005, 16592-16603.

Arrêté du 18 septembre 2003 autorisant Électricité de France à poursuivre les prélèvements d'eau et les rejets d'effluents liquides et gazeux pour l'exploitation du site nucléaire du Blayais. *Journal officiel de la République française*, 26 septembre 2003, 16442-16458.

Arrêté du 7 novembre 2003 autorisant Électricité de France à poursuivre les rejets d'effluents liquides et gazeux pour l'exploitation du site nucléaire de Gravelines. *Journal officiel de la République française*, 13 janvier 2004, 972-988.

Arrêté du 23 juin 2004 autorisant Électricité de France à poursuivre les prélèvements d'eau et les rejets d'effluents liquides et gazeux pour l'exploitation du site nucléaire de Cattenom. *Journal officiel de la République française*, 24 juin 2004, 11461-11489.

Arrêté du 21 août 2006 autorisant l'Agence nationale pour la gestion des déchets radioactifs (ANDRA) à effectuer des rejets d'effluents liquides et gazeux et des prélèvements d'eau par le centre de stockage de l'Aube (installation nucléaire de base n° 149). *Journal officiel de la République française*, 19 septembre 2006, 1372-13731.

Arrêté du 18 septembre 2006 autorisant Électricité de France à poursuivre les prélèvements d'eau et les rejets d'effluents liquides et gazeux pour l'exploitation du site nucléaire de Golfech. *Journal officiel de la République française*, 1er novembre 2006, 16182-16211.

Atkinson WD, Law DV, Bromley KJ (2002). A decline in mortality from prostate cancer in the UKEA workforce. *In:* Proceedings of the *4th BNES Conference on Low Dose Radiation.* Oxford, september 2002, London, Thomas Telford LTD.

Autorité de sûreté nucléaire. (2007a). Lettre de suite adressée à la direction d'Électricité de France, 20 juin 2007.

Autorité de sûreté nucléaire (2007b). *Plan national de gestion des matières et des déchets radioactifs (PNGMDR) 2007-2009.* De l'Inventaire national des déchets radioactifs et des matières valorisables à un bilan et une vision prospective des filières de gestion à long terme des déchets radioactifs en France. 147 pages. http://www.asn.fr/index.php/S-informer/Dossiers/La-gestion-des-dechets-radioactifs/Le-cadre-reglementaire/Le-Plan-national-de-gestion-des-matieres-et-des-dechets-radioactifs-PNGMDR.

Autorité de sûreté nucléaire (2009). *Avis n° 2009-AV-0075 de l'autorité de sûreté nucléaire* du 25 août 2009 sur les études remises en application du décret n° 2008-357 du 16 avril 2008 en vue de l'établissement du Plan national de gestion des matières et des déchets radioactifs 2010-2012. http://www.asn.fr/index.php/Les-actions-de-l-ASN/La-reglementation/Bulletin-Officiel-de-l-ASN/Avis-de-l-ASN/Avis-n-2009-AV-0075-du-25-aout-2009-de-l-ASN.

Baeza A, Garcia E, Miro C, Perianez R (2006). Modelling the spatio-temporal evolution of ^{3}H in the waters of the River Tagus. *J Environ Radioact*, **86** : 367-383.

Baeza A, Garcia E, Paniagua JM, Rodriguez A (2008). Study of the comparative dynamics of the incorpôration of tissue free-water tritium (TFWT) in bulrushes (*Typha latifolia*) and carp (*Cyprinus carpio*) in the Almaraz nuclear power plant cooling reservoir. *J Environ Radioact*, **100** : 209-214.

Bailly du Bois P, Dumas F (2004). TRANSMER, un modèle hydrodynamique rapide et précis pour la simulation à moyen et long terme des transferts de radionucléides en Manche et dans le sud de la Mer du Nord. *VIIIe Journées nationales génie civil - génie côtier,* Compiègne 7-9 septembre 2004 session 1, 73-80.

Bailly du Bois P, Guéguéniat P (1999). Quantitative assessment of dissolved radiotracers in the English Channel : Sources, average impact of la Hague reprocessing plant and conservative behaviour (1983, 1986, 1988, 1994). *Cont Shelf Res*, **19** : 1977-2002.

Balonov MI, Muskinova KN, Mushkacheva GS (1993). Tritium radiobiological effects in mammals : Review of experiments of the last decade in Russia. *Health Phys,* **65** : 713-726.

Beals DM, Hayes DW (1995). Technetium-99, iodine-129 and tritium in the waters of the Savannah river Site. *Sci Total Environ*, **173/174** : 101-115.

Behar A, Cohen-Boulakia F (2008). Le tritium ? c'est grave Docteur ? *Médecine et Guerre Nucléaire*, **23** : 9-13.

Belloni P, Clemente GF, di Pietro S, Ingrao G (1983). Tritium levels in blood and urine samples of the members of the Italian general population and some exposed subjects. *Radiat Prot Dos*, **4** : 109-113.

Belot Y (1996a). Le tritium dans le milieu naturel : origine et distribution. *In :* Belot Y, Roy M, Métivier H (Dir). *Le Tritium de l'environnement à l'Homme.* Éditions de Physique, Paris, 1-20.

Belot Y (1996b). Échantillonnage et mesure du tritium. *In* Belot Y, Roy M, Métivier H (Dir). *Le Tritium de l'environnement à l'Homme.* Éditions de Physique, Paris.

Belot Y (1996c). Comportement du tritium dans l'environnement. *In :* Belot Y, Roy M, Métivier H (Dir). *Le Tritium de l'environnement à l'Homme.* Éditions de Physique, Paris, 39-76.

Belot Y, Watkins BM, Edlund O, Galeriu D, Guinois G, Golubev AV, Meurville C, Raskob W, Täschner M, Yamazawa H (2005). Upward movement of Tritium from contaminated groundwaters: a numerical analysis. *J Environ Activity*, **84** : 259-270.

Beral V, Inskip H, Fraser P, Booth M, Coleman D, Rose G (1985). Mortality of employees of the United Kingdom Atomic Energy Authority, 1946-1979. *Br Med J*, **291** : 440-447.

Bhatia AL (2005). Radiation risk: technological perspective and public perception of tritium toxicity in the environment. *In :* Proceedings of the *9th International Conference on Environmental Science and Technology.* Rhodes Island, Greece, 1-3 september 2005.

BIOMASS Tecdoc (2002). *In :* Watkins B, (Ed), *Modelling the Environmental Transport of Tritium in the Vicinity of Long-Term Atmospheric and Sub-Surface Sources,* Part F. IAEA, Vienna.

Bogen DC, Welford GA (1976). "Fallout tritium" distribution in the environment. *Health Phys,* **30** : 203-208.

Bogen DC, Welford GA, White CG (1979). Tritium distribution in man and his environment. *In :* AEIA, OCDE, AEN, *Behaviour of tritium in the environment*, San Francisco, 16-20 october 1978, Vienna, 567-574.

Bonotto S, Arapis G, Mellet J, Hoursiazngou-Neubrun D, Cinelli F, Belcari P, Gerber GB, Kirchmann R (1984). Behavior of tritium in the marine environment : Uptake and distribution of tritiated water and of tritiated organic compounds in unicellular and multicellular algae. *Hydrobiologia*, **116/117** : 187-200.

Bonotto S, Gerber GB, Arapis G, Kirchmann R (1982). Modelisation of tritium transfer into the organic compartments of algae. *Belg Ann Belg Ver*, **7** : 283-292.

Bonotto S, Ndoite IO, Nuyts G, Fagniart E, Kirchmann R (1978). Study of the distribution and biological effects of ^{3}H in the algae *Acetabularia*, *Chlamydomonas* and *Porphyra. Curr Top Radiat Res Quat*, **12** : 115-132.

Bourlat, Y (2008) *Historique et état radiologique et chimique des sites (hors installations).* Centre CEA de Saclay. Direction du CEA Saclay, unités de production, sécurité et environnement, décembre 2008, 162 p.

Boyer C (2009). Étude des transferts du tritium atmosphérique chez la laitue : étude cinétique, état d'équilibre et intégration du tritium sous forme organique lors d'une exposition continue. *Thèse de l'université de Besançon*, 30 novembre 2009, 309 p.

Calmet D, Levy F, Robe MC, Gryvaud L, Diakonoff P, Bourlard P (2004). Status report on standard-setting work in the area of environmental radioactivity measurement. *J Environ Radioact*, **72** : 109-120.

Campling WC, Brownless GP, Round GD, Winpenny K, Hunt GJ (2002). Radioactivity in food and the environment: calculations of UK radiation doses using integrated assessment methods. *J Radiol Prot*, **22** : 371-388.

Carsten AL (1979). Tritium in the environment : isotopic effects and transmutation. *In :* Lett JT, Adler H, (Eds), *Advances in Radiation Biology*, New York, Academic Press **8**, 419-458.

Carsten AL (1984). Tritox – A multiple-parameter evaluation of tritium toxicity. *In :* Streffer C, Patrick G (Eds). EULEP (European late effects project group) symposium *Effects of prenatal irradiation*. Bordeaux, 26-29 July 1982.

Carsten AL, Commerford S.L. (1976). Dominant lethal mutations in mice resulting from chronic tritiated water (HTO) ingestion. *Rad Res*, **66** : 609-614.

Carsten AL, Commerford SL, Cronkite EP (1977). The genetic and late somatic effects of chronic tritium ingestion in mice. *Curr Top Radiat Res Quat*, **12** : 212-224.

CCSN (2008). *Normes et recommandations sur le tritium dans l'eau potable.* Commission canadienne de sûreté nucléaire. INFO-0766. Janvier 2008, 88 p.

CEA (2002) *Historique des méthodes de calculs des bilans des rejets liquides et gazeux du CEA-Cadarache.* CEA Cadarache/SPR/LANSE, 31 janvier 2002.

CEA (1979-2006) *Registres réglementaires des rejets gazeux et des rejets liquides.* SCPRI-OPRI/CEA SPR/SMSE. Communication Commission locale d'information de Cadarache.

CEA (2006). Direction des applications militaires. Centre de Valduc. *Surveillance de l'environnement. Bilan réglementaire 1997-2006.* Communication SEIVA.

CEA (2008). *Rapport transparence et sécurité nucléaire du Centre CEA de Grenoble 2007.* www.cea.fr.

CEA (2009a). *Rapport transparence et sécurité nucléaire du Centre CEA de Cadarache 2008.* www.cea.fr.

CEA (2009b). *Rapport transparence et sécurité nucléaire du Centre CEA de Grenoble 2008.* www.cea.fr.

CEA (2009c). *Rapport transparence et sécurité nucléaire 2008 – CEA Saclay.* www.cea.fr.

CEA (2009d). Direction de l'énergie nucléaire – Centre de Marcoule. *Rejets en tritium 1968-2008.* Communication Commission d'information INBS de Marcoule.

CEA (2010). Direction des applications militaires. Centre DAM Ile-de-France-Bruyères-le-Châtel. *Bilan des rejets gazeux en tritium de 1972 à 2008 et des rejets liquides radioactifs de 1967 à 2008.* Communication Commission d'information INBS de Bruyères-le-Châtel.

CERI (2003). *Études des effets sanitaires de l'exposition aux faibles doses de radiations ionisantes à des fins de radioprotection.* Recommandations 2003 du Comité Européen sur le Risque de l'Irradiation. Édition Frison Roche.

CERRIE Report (2004). *Report of the Committee Examining Radiation Risks of Internal Emitters*. National, Radiological Protection Board, Chilton, 148 p. http://www.cerrie.org.

Chenal C, Seisebaev AT, Nurgalieva K, Zhapbasov R, Laurent JF, Brouazin-Jousseaume V, Guitton N (2001). Long term effects of chronically exposed rodents to internal and external irradiation in Semipalatinsk nuclear test site: *In* : *Biological effects of low dose ionizing radiation and radioactive pollution on environment*. Syktivkar, p 113, ISBN 5-89606-085-8.

Clemente GF, Belloni P, DiPietro S, Santori G, Santorani GP (1979). Tritium and plutonium content in the Italian diet and transfer to man. *In* : IAEA. *Biological Implications of Radionuclides from Nuclear Industries*. Vol II Vienna, 26-30 March 1979 : 257-264.

CNE (2009). Commission nationale d'évaluation des recherches et études relatives à la gestion des matières et déchets radioactifs, *Rapport d'évaluation* n° 3, tome 1, juin 2009. http://lesrapports.ladocumentationfrancaise.fr/BRP/094000297/0000.pdf.

Collins C, Gravett A (1995). The deposition of ^{14}C, ^{3}H and ^{35}S to vegetation in the vicinities of a Magnox and an advanced gas cooled reactor. *Sci Total Environ*, **173/174** : 399-406.

CRIIRAD (Commission de recherche et d'information indépendantes sur la radioactivité) (2002). *Contrôles radiologiques réalisés pour Greenpeace au voisinage du site nucléaire de Marcoule*. Note n° 0325 VO.

CSM-ANDRA (1983). Communication à la CSPI de La Hague, 12 décembre 1983.

CSM-ANDRA (Centre de Stockage de la Manche), Rapport à la CSPI de la Hague, 24 décembre 1992.

Dasher D, Hanson W. Read S, Faller S, Farmer D, Efurd W, Kelley J, Patrick R (2002). An assessment of the reported leakage of anthropogenic radionuclides from the underground nuclear sites at Amchitka Island, Alaska, USA to the surface environment. *J Environ Radioact*, **60** : 165-187.

Descamps B (2003). Bilan radioécologique 2002 du site des Monts d'Arrée (Brennilis) avant le démarrage de la phase 3 de sa déconstruction. *Rapport DEI/SESURE* n° 03-09.

De Vol TA, Powell BA (2004). Theoretical organically bound tritium dose estimates. *Health Phys*, **86** : 183-186.

Décret 2002-460 du 24 avril 2002 relatif à la protection générale des personnes contre les dangers des rayonnements ionisants. *Journal officiel de la République française*, 6 avril 2002, 6093-6104.

Décret n° 88-521 du 18 avril 1988 modifiant le décret n° 66-450 du 20 juin 1966 relatif aux principes généraux de protection contre les rayonnements ionisants. *Journal officiel de la République française*, 6 mai 1988, 6264-6298.

Décret n° 2007-758 du 10 mai 2007 pris pour l'application du titre 1° de la loi n° 2006-686 du 13 juin 2006 relative à la transparence et à la sécurité en matière nucléaire et modifiant le code de la défense (partie réglementaire). *Journal officiel de la République française*, 11 mai 2007, 8459-8465.

Décret n° 2008-357 16 avril 2008 pris pour l'application de l'article L.542-1-2 du code de l'environnement et fixant les prescriptions relatives au Plan national de gestion des matières et déchets radioactifs. *Journal officiel de la République française*, 18 avril 2008, 6434-6438 rectifié *Journal officiel de la République française* du 17 mai 2008.

Delmont D (2007). Les rejets des installations nucléaires de base secrètes relevant du ministre en charge de l'Industrie. *Contrôle*, **117** : 85-88.

Diabaté S, Strack S. (1993). Organically bound tritium. *Health Phys*, **65** : 698-712.

Directive 96/29 EURATOM du 13 mai 1996 fixant les normes de base relatives à la protection sanitaire de la population et des travailleurs contre les dangers résultant des rayonnements ionisants. *Journal officiel des Communautés européennes*, n° L159, 29 juin 1996, 0001-0114.

Directive Européenne 98/83/CE du 8 novembre 1998 relative à la qualité des eaux destinées à la consommation humaine. *Journal officiel des Communautés européennes*, n°L330, 5 décembre 1998, 32-54.

Dobson RL (1979). The toxicity of tritium. *In :* IAEA *Symposium on biological implications of radionuclides released from nuclear industries*. Vol I. Vienna 26-30 March 1979, 203-214.

Dobson RL, Kwan TC (1977). The tritium RBE at low level exposure – Variation with dose, dose rate and exposure duration. *Curr. Top. Radiat. Res. Quat.* **12** : 44-62.

Dubrova YE (2003). Long-term genetic effects of radiation exposure. *Mut Res*, **544** : 433-439.

Duport P, Flüry-Hérard A, Rabin E (1996). Effets biologiques et risques liés au tritium. *In :* Belot Y, Roy M, Métivier H (Dir.) *Le tritium, de l'environnement à l'homme*. Éditions de Physique, 129-152.

Électricité de France – Branche production ingénierie – Division production nucléaire – Centre nucléaire de production d'électricité (2005). *Demande de renouvellement des autorisations de prise d'eau et de rejets liquides et gazeux, radioactifs et non radioactifs*. Impact sanitaire des rejets radioactifs gazeux et liquides du CNPE de Golfech en fonctionnement normal. Annexes C4 et C5.

Électricité de France – CNPE de Golfech (1990-2010). *Rapport mensuel de surveillance de l'environnement*.

Électricité de France – Production transport (1993-2006). *Rapports d'activité – Environnement*.

Ellet WH, Braby LA (1972). The microdosimetry of 250 kVp and 65 kVp X-rays, ^{60}Co gamma rays, and tritium beta particles. *Radiat Res*, **51** : 229-243.

Etnier EL, Travis CC, Hetrick DM (1984). Metabolism of organically bound tritium in man. *Radiat Res*. **100** : 487-502.

Federal Guidance (1993). External Exposure to Radionuclides in Air, Water, and Soil. US Environmental Protection Agency. Report n° 12. 402-R-93-81, September 1993.

Feinendegen LE, Bond VP (1971). Transmutaton versus beta irradiation in the pathological effects of tritium decay. *In : Tritium* (Moghissi A.A, Carter M.W., eds). Nevada, Messenger Graphics, 221-231.

Fitoussi L (1978). Monitoring of gaseous and liquid effluents at french nuclear power plants. AIEA, *Safety Series*, 46.

Foulquier L (1984). *Note à Mr Hervé sur les mesures effectuées sur les échantillons de poissons, végétaux et sédiments prélevés le 22 mai 1984 dans la rivière Ellez à Brennilis*. CEA, IPSN-CEN de Cadarache.

Foulquier L, Bretheau F (1998). *Les installations nucléaires et l'environnement*. Éditions de Physique, Paris.

Foulquier L, Pally M (1982). Données sur la teneur en tritium lié de poissons des grands fleuves français. *Ann Assoc Belge Radioprot*, **7** : 259-281.

Fourré E, Jean-Baptiste P, Dapoigny A, Baumier D, Petit JR, Jouzel JU (2006). Past and recent tritium levels in Arctic and Antarctic polar caps. *Earth Planet Sc Lett*, **245** : 56-64.

Fraizier A, Pally M (1987). Étude radioécologique de l'environnement du centre de stockage de la Manche – 1986. IRSN/DERS/SERE.

Frankenberg D, Frankenberg-Schwager M, Garg I, Pralle E, Uthe D, Geve B, Severin

E, Göhde W (2002). Mutation induction and neoplastic transformation in human and human hamster-hybrid cells : dependance on photon energy and its modulation in the low dose range. *J Radiol Prot*, A17-A20.

Geraschchenko BI, Howell RW (2004). Proliferative response of bystander cells adjacent to cells with incorporated radioactivity. *Cytometry*, **60A** : 155-164.

Geraschchenko BI, Howell RW (2005). Bystander cell proliferation is modulated by the number of adjacent cells that were exposed to ionizing radiation. *Cytometry*, **66A** : 62-70.

Gontier G, Grenz C, Calmet D, Sacher M (1992). The contribution of *Mytilus* sp. in radionuclide transfer between water column and sediment in the estuarine and delta stystems of the Rhône river. *Estuar Coast Shelf Sci*, **34** : 593-601.

Goutal N, Luck M, Boyer P, Monte L, Siclet F, Angeli G (2008). Assesment, validation and intercomparison of operational models for predicting tritium migration from routine discharges of nuclear power plants : the case of Loire river. *J Environ Radioact*, **99** : 367-382.

Gragtmans NJ, Myers DK, Johnson JR, Jones AR, Johnson LD (1984) Occurrence of Mammary Tumors in Rats after Exposure to Tritium Beta Rays and 200-kVp X rays. *Rad Res*, **99** : 636-650.

GRNC (2009). Appréciation par le groupe radioécologique Nord-Cotentin) de l'estimation des doses présentées dans le rapport annuel de surveillance de l'environnement d'Areva-NC La Hague. *Rapport de synthèse de l'année 2006.*

Guerrero-Carbajal C, Edwards AA, Lloyd DC (2003) Induction of chromosome aberration in human lymphocytes and its dependance on X ray energy. *Radiat Prot Dosim,* **106** : 131-135.

Guétat Ph (2007). Tritium and the environment – Sources, measurement and transfer. CEA/DAM/VA. *In :* UE Scientific seminar emerging issues on tritium, 13 novembre 2007.

Guétat Ph, Douche C, Hubinois JC (2008). Le tritium et l'environnement : sources, mesures et transferts. *Radioprotection,* **43** : 547-569.

Guinois G, Guétat Ph (2001). Rapport technique – Étude d'Impact des rejets atmosphériques tritium du centre de Valduc de 1969 à 1999. CEA-DAM. 08/03/01.

Hamby DM, Palmer TS (2001). Analysis of an internal kinetic model for free and bound tritium. *Health Phys*, **81** : 426-437.

Hamilton TH, van Belle G, LoGeerfo JP (1987) Thyroid Neoplasia in Marshall Islanders Exposed to Nuclear Fallout. *Jama*, **258** : 629-636.

Harrison JD, Khursheed A, Lambert BE (2002). Uncertainties in dose coefficients for intakes of tritiated water and organically bound forms of tritium by members of the public. *Radiation Prot Dosimetry*, **98** : 299-311.

HCEA (Haut Commissaire à l'énergie atomique) (1998). *Rapport sur la contamination radioactive et chimique des sites comportant des installations nucléaires de base classées secrètes (INBS), relevant du ministre chargé de l'Industrie.* Groupe de travail sur la contamination radioactive et chimique des sites INBS, HCID D SN/98-183, 23 octobre 1998.

Health Protection Agency (2007). *Review of Risks from Tritium.* Report of the independant Advisory Group on Ionising Radiation. Documents of the Health Protection Agency, Radiation, Chemical and Environment Hazards, November 2007, 90 p.

Hisamatsu S, Inoue Y, Takizawa Y (1994). Organically-bound tritium concentration in inhulled rice samples harvested between 1979 to 1991. *J Radiat Res*, **35** : 112-115.

Hisamatsu S, Ohimura T, Takizawa Y, Katsumata T, Inoue Y, Itoh M, Ueno K, Sakanoue M (1992). Tritium level in Japanese diet and human tissue. *J Radioanal Nucl Chem*, **156** : 89-102.

Hodgson A, Scott JE, Fell TP, Harrison JD (2005). Radiation doses from the consumption of Cardiff Bay flounder containing organically bound tritium (OBT). *J Radiol Prot*, **25** : 149-159.

Hu QH, Rose TP, Zavarin M, Smith DK, Moran JE, Zhao PH (2008). Assessing field-scale migration of radionuclides at the Nevada Test Site : « mobile » species. *J Environ Radioact*, **99** : 1617-1630.

Huels MA, Boudaïffa B, Cloutier P. Hunting D, Sanche L (2003). Single, Double, and Multiple Double Strand Breaks Induced in DNA by 3-100 eV electrons. *J Am Chem Soc*, **125** : 4457-4467.

Ichimasa M, Ichimasa Y, Yagi Y, Ko R, Suzuki M, Akita Y (1989). Oxidation of Atmosphecic Molecular Tritium in Plants Leaves, Lichens and Mosses. *J Radiat Res*, **30** : 323-329.

ICRP (1989). Age-dependant Doses to members of the public from intakes of radionuclides. *Publication 56.* Part 1. Pergamon Press, Oxford.

ICRP (1990). Recommendations of the International Commission on Radiological Protection. *Publication 60,* Pergamon Press, Oxford.

ICRP (1993). Age-dependant doses to members of the public from intakes of radionuclides, *Publication 67.* Part 2, Ingestion dose coefficients. Elsevier Science Ltd. Oxford.

ICRP (1995). Age-dependant doses to members of the public from intakes of radionuclides, *Publication 69.* Part 3, Ingestion dose coefficients. Elsevier Science Ltd. Oxford.

ICRP (1996). Age-dependant doses to members of the public from intake of radionuclides, *Publication 74,* Part 4, Inhalation dose coefficients. Elsevier Science Ltd. Oxford.

ICRP (2007a). *Draft Guidance Document. Bioassay Data Interpretation.* www.icrp.org/news_guidance.asp. Cité par Health Protection Agency (2007). Review of Risks from Tritium. Report oh the independant Advisory group on ionising radiation. Documents of the Health protection agency. Radiation, Chemical and Environmental Hazards.

ICRP (2007b). Recommendations of the International Commission on Radiological Protection. *Publication 103.* Elsevier Science Ltd. Oxford.

Ingrao G, Belloni P, Clemente GF, Di Pietro S, Santori G (1983). *The Transfer of Radioactive Materials in the Terrestrial Environment Subsequent to an accidental Release to Atmosphere.* Vol II, Dublin, 11-15 april 1983, p. 481.

Inomata T (1983). Accumulation and lethal effect of tritium (triated water) in *Rhodopseudomonas spheroides* under light-anaerobic and dark-aerobic conditions. *Radiat Environ Biophys*, **21** : 281-294.

Inoue Y, Iwakura T (1990). Tritium concentration in Japanese rice. *J Radiat Res*, **31** : 311-323.

IPSN (1986). Étude expérimentale de la mesure du tritium organique dans les chaînes alimentaires - Applications aux réseaux de surveillance de l'environnement. CEA-DERS/SERE.

IPSN (2001). Fiche radionucléide tritium, 7 p.

Irlweck K, Teherani DK (1975). Tritium concentration in urine and blood of Austrian residents. *Health Phys*, **30** : 407-409.

IRSN (2001). Fiche radionucléide tritium et environnement, 15 p.

IRSN (2003a). Dispersion des rejets atmosphériques tritiés de Valduc : approche utilisant le marquage des feuilles de chênes dans l'environnement du site. *Rapport DPRE/SERNAT/2003-12.*

IRSN (2003b). Suivi radioécologique de l'environnement terrestre, aquatique continental et marin des centrales nucléaires françaises – Année 2002 - Rapport contractuel (EDF-DPN-GENV V. 2625.034). Service d'étude et de surveillance de la radioactivité dans l'environnement. *Rapport DEI/SESURE n° 03-08, novembre 2003.*

IRSN (2005). Les conséquences sanitaires des contaminations internes chroniques par des radionucléides – Avis sur le rapport CERI « études des effets sanitaires de l'exposition aux faibles doses de radiations ionisantes à des fins de radioprotection » et recommandations de l'IRSN. *Rapport DRPH/n° 2005-20.*

IRSN (2008). État de la surveillance environnementale et bilan du marquage des nappes phréatiques et des cours d'eau autour des sites nucléaires et des entreposages anciens de déchets radioactifs. Rapport pour le Haut Comité pour la transparence et l'information sur la sécurité nucléaire. 15 septembre 2008.

IRSN (2009). Avis de l'IRSN sur quatre études présentées dans le cadre du plan national de gestion des matières et déchets radioactifs (PNGMDR). 26 pages. http://www.irsn.fr/FR/expertise/avis/Documents/Avis_IRSN_PNDMDR_29052009.pdf.

Jean-Baptiste P, Baumier D, Fourré E, Dapoigny A, Clavel B (2007). The distribution of tritium in the terrestrial and aquatic environments of the Creys-Malville nuclear power plant (2002-2005). *J Environ Radioact*, **94** : 107-118.

Jeanmaire L, Piechowski J (1987). Métabolisme et toxicité du tritium – Moyens de surveillance des expositions. CEA. IPSN.

Jeanmaire L, Vernois Y (1979). Métabolisme de molécules tritiées chez le rat. Étude sous l'angle de la radioprotection. *In* : IAEA. *Behaviour of tritium in the environment.* San Francisco, 16-20 october 1978. 567-574.

Jenkinson S (2009). Tritium concentrations around British Coasts. Société française de radioprotection (SFRP). Paris *Journées Tritium* 23-24 septembre 2009. http://www.sfrp.asso.fr/

Jha AN, Dogra Y, Turner A, Millward GE (2005). Impact of low doses of tritium on the marine mussel, *Mytilus edulis* : Genotoxic effects and tissue-specific bioconcentration. *Mut Res*, **586** : 47-57.

Johnson JR, Myers DK Jackson JS, Dunford DW. Gragtmans NJ, Wyatt HM, Jones AR, Recy DH (1995). Relative Biological Effectiveness of tritium for Induction of Myeloïd Leukemia in CBA/H Mice. *Rad Res*, **144** : 82-89.

Johnson JR, Unrau P. Morisson DP (1985). Gene conversion in yeast as a function of LET for low LET radiation. *Health Phys*, **49** : 366.

Kamiguchi Y, Tateno H. Mikamo K (1990a). Dose-response relationship for the induction of structural chromosome aberration in human spermatozoa after *in vitro* exposure to tritium ß-rays. *Mut Res*, **228** : 125-131.

Kamiguchi Y, Tateno H, Mikamo K (1990b). Types of structural chromosome aberrations and their incidences in human spermatozoa X-irradiated *in vitro. Mut Res*, **228** : 133-140.

Kellerer AM (2002). Electon spectra and the RBE of X-rays. *Rad Res*, **158** : 13-22.

Kim CK, Rho BH, Lee KJ (1998). Environmental Tritium in the Areas Adjacent to Wolsong Nuclear Power Plant. *J. Environ Radioact*, **41** : 217-231.

Kirchmann R, Van Den Hoek J, Lafontaine A (1971). Transfert et incorporation du tritium dans les constituants de l'herbe et du lait, en conditions naturelles. *Health Phys*, **21** : 61-66.

Kirchmann R, Charles P, Van Bruwaene R, Remy J, Koch G, Van Den Hoek J (1977). Distribution in the different organs of calves and pigs after ingestion of various tritiated feeds. *Curr Top Radiat Res Quart*, **12** : 291-312.

Knowles JF, Greenwood LN (1997). A comparison of the effects of long-term β- and γ-irradiation on the reproductive performance of a marine invertebrate *Ophryotrochoa diadema* (Polychaeta, Dorvilleidae). *J Environ Radioact,* **34** : 1-7.

Komatsu K, Higushi M, Sakka M (1981). Accumulation of tritium in aquatic organisms through a food chain with three trophic levels. *J Radiat Res*, **22** : 226-241.

Komatsu K, Okumura Y, Sakamoto K (1990). Radiation dose to mouse liver cells from ingestion of tritiated food or water. *Health Phys*, **58** : 625-629.

Koranda JJ, Martin JR (1972). Movement of tritium in ecological systems. *Nucl Sci Abstr*, **26** : 9485.

Kozlowski R., Bouffler S. D., Haines J. W., Harrison J. D., Cox R. (2001). *In utero* haematopoietic sensitivity to alpha, beta or X-irradiation in CBA/H mice. *Int J Radiat Biol*, **77** : 805-815.

Krasin F, Person S, Ley RD, Hutchinson F (1976). Local effect for (5-^{3}H) cytosine decays. *J Mol Biol*, **105** : 445.

Laboratoire vétérinaire départemental de Tarn-et-Garonne (2006, 2007, 2008). Surveillance de la radioactivité autour du CNPE de Golfech. Conseil général de Tarn-et-Garonne. *Bilans 2006-2008.*

Lambert BE, Clifton RJ (1967). Radiation doses resulting from the administration of tritiated folic acid and tritiated water to the rat. *Brit J Radiol*, **40** : 56-61.

Lambert BE, Clifton RJ (1968). Radiation doses resulting from the ingestion of tritiated thymidine by the rat. *Health Phys*, **15** : 3-9.

Lebaron-Jacobs L, Flüry-Herard A (2007). Les effets sur la santé du tritium. Point des connaissances sur le Tritium organiquement lié (OBT). CSSIN du 31 mai 2007, 4 p.

Lee JY, Satow Y, Sawada S (1988). The teratogenic effects of tritiated water and the tritium simulator on rat embryos. *J. Radiat Res*, **29** : 61.

Little JB (2002). Radiation-induced genomic instability and bystander effects : implications for radiation protection. *Radioprotection*, **37** : 251-282.

Little MP, Lambert BE (2008). Systematic review of experimental studies on the relative biological effectiveness of tritium. *Radiat Environ Biophys*, **47**, 71-93.

Loi de programme n° 2006-739 du 28 juin 2006 relative à la gestion durable des matières et déchets radioactifs. *Journal officiel de la République française*, 19 juin 2006, 9721-9730.

Masson M, Siclet F, Fournier M, Maigret A, Gontier G, Bailly du Bois P (2004). Tritium along the French coast of the English Channel. *Radioprotection*, **39** (suppl. 1), 6 p.

Masson M, Siclet F, Fournier M, Maigret A, Gontier G, Bailly du Bois P (2005). Tritium along the French coast of the English Channel. *Radioprotection*, **40** : S621-S627.

Matsuoka N, Hirai E, Tagori H, Momoshimz N, Takashima Y (1994). Meteorological analysis of tritium concentrations in rain water collected in Fukuoka, Japan, from 1987-1991. *Sci Total Environ*, **145** : 197-205.

McCubbin D, Leonard KS, Bailey TA, Williams J, Tossell P (2001). Incorporation of organic tritium (^{3}H) by marine organisms and sediment in the Severn estuary/Bristol Channel (UK). *Mar Pollut Bull*, **42** : 852-863.

Mewissen DJ, Furedi M, Ugarte A, Rust JH (1979). Tritium distribution and incorporation from tritiated water or tritiated precursors of DNA, RNA or proteins. *In :* AIEA-NEA (OCDE). *Behaviour of tritium in the environment.* San Francisco. 16-20 october 1978, 469-488.

Mewissen DJ, Rust JH (1973). Tumour induction in C57 Black/6 mice treated with tritiated thymidine. *In :* Moghissi AA, Carter MW, Eds. *Tritium.* Messenger Graphics. Las Vegas. Nevada, 252-267.

Mewissen DJ, Ugarte AS (1979). Cumulative genetic effects from exposure of male mice to tritium for ten generations. Biological Implications of radionuclides released from nuclear industries. *In :* IAEA. *Biological implications of radionuclides released from nuclear industries.* Vol I. Vienna. 26-30 march 1979, 215-230.

Mewissen DJ, Ugarte AS, Rust JH (1987). Stochastic effects of multigeneration exposure of male mouse germinal cell line to low level tritium. *Intern J Radiat Biol,* **51** : 743 (abstract).

Milacics (2004). Changes in leukocytes caused by tritium contamination. *Health Phys,* **86** : 457-459.

Miljevic N, Sipka V, Zujic A, Golobocanin D (2000). Tritium aroud the Vinca Institute of Nuclear Sciences. *J Environ Radioact,* **48** : 303-315.

Mitchell PI, Vintro LL, Omarova A, Burkitbayev M, Napoles HJ, Priest ND (2005). Tritium in well waters, streams and atomic lakes in the East Kazakhstan Oblast of the Semipalatinsk Nuclear Test Site. *J Radiol Prot,* **25** : 141-148.

Moghissi AA, Bretthauer EW, Patzer RG (1987). Biological concentration of ^{3}H. *Health Physics,* **53** : 385-388, erratum in **54** : 575.

Moiseenko VV, Hamm RN, Waker AJ, Prestwich WV (1998). Modelling DNA damage induced by different energy photons and tritium beta-particles. *Int J Radiat Biol,* **74** : 533-550.

Moreira DM, Tirabassi T, Vilhena MT, Carvalho JC (2005). A semi-analytical model for the tritium dispersion simulation in the PBL from the Angra I nuclear power plant. *Ecological Modelling,* **189** : 413-424.

Morisson DP, Osborne RV, Unrau P (1981) Beta ray induced gene conversion in yeast. *Rad Res,* **87** : 50-58.

Mothersill C, Seymour CB (2005). Radiation induced bystander effects : Relevance for radiation protection of human and non human biota. *Radioprotection,* **40** : 297-306.

Mothersill, Seymour CB (1998). Mechanisms and implications of genomic instability and other delayed effects or radiation (review). *Mutagenesis,* **13** : 421-426.

Müller WU, Streffer C, Molls M, Glück L (1986). Radiotoxicity of ^{3}H-thymidine and ^{3}H-arginine in preimplantation mouse embryos in vitro. *Radiat Prot Dos,* **16** : 155-158.

Myamoto K, Kimura K (1995). A transfer model of tritium in a local hydrosphere. *Japan Fusion Technol,* **28** : 910-917.

Myers DK, Johnson JR (1990). RBE for Induction of Myeloïd Leukemia in CBA/H Mice. Ottawa, Canada : Atomic Energy Control Board. *Info-0360.*

Nikjoo H, Bolton CE, Watanabe R, Terrissol M, O'Neill P, Goodhead DT (2002). Modelling of DNA damage induced by energetic electrons (100 eV to 100 keV). *Radiat Prot Dos,* **99** : 77-80.

Nikjoo H, O'Neill P, Terrissol M, Goodhead DT (1999). Quantitative modelling of DNA damage using Monte Carlo track structure method. *Radiat Environ Biophys,* **38** : 31-38.

Norstrom RJ, Letcher RJ (1997). Role of biotransformation in bioaccumulation and biotransformation. Annex I. *In* : Sijm DTHM, de Bruijn J, de Voogt P, de Wolf W (Eds.) *Biotransformation in environmental risk assessment* ; a SETAC Workshop Noodwijkerhout, The Netherlands, 28 April-1 May 1996, 103-113.

NRPB (1987). Revised generalised derived limits for radioisotopes of strontium, iodine, caesium, plutonium, americium and curium. *GS* 1987 (8).

NCRP (1979). National Council on Radiation Protection and Measurements. Tritium in the Environment. *NCRP Report N° 62,* Bethesda, MD, 1979.

Observatoire mycologique de Bourgogne (2001). *Recherche de tritium organiquement lié dans les lichens des environs de Valduc* – Étude réalisée pour la Structure d'échange et d'information sur Valduc (SEIVA).

Olivieri G, Bodycote J, Wolff S (1992). Adaptative response of human lymphocytes to low concentrations of radioactive thymidine. Science, 594-597, cité par Duport P., Flüry-Hérard A., Rabin E. (1996). Effets biologiques et risques liés au tritium. *In* : Belot Y., Roy M., Métivier H. (Dir.) *Le tritium, de l'environnement à l'homme*. Éditions de Physique, 1996, 190 p.

Pally M, Barre A, Foulquier L (1993). Tritium associé à la matière organique des sédiments, végétaux et poissons des principaux cours d'eau français. *Verh Int Ver Limnol*, **25** : 285-289.

Paquet F, Métivier H (2008). Les Risques liés aux expositions au tritium sont-ils sous-évalués ? *Radioprotection*, **43** : 193-201.

Pearce J (1999). High tritium levels in Severn fish. *Mar Pollut Bull*, **38** : 3-4.

Persaud R, Zhou H, Baker SE, Hei TK, Hall EJ (2005). Assessment of low linear energy transfer radiation-induced bystander mutagenesis in a three-dimensional culture model. *Cancer Res*, **65** : 9876-9882.

Persaud R, Zhou H, Hei TK, Hall EJ (2007). Demonstration of a radiation-induced bystander effect for low dose low LET β–particles. *Radiat Environ Biophys*, **46** : 395-400.

Pietrzak-Flis Z, Radwan I, Indeka L (1978). Tritium in rabbits after ingestion of freeze-dried food and tritiated water. *Rad Res*, **76** : 420-428.

Pietrzak-Flis Z, Radwan I, Major Z, Kowalska M (1982). Tritium Incorporation in rats chronically exposed to tritiated food or tritiated water for three successive generations. *J Radiat Res*, **22** : 434-442.

Pointurier F, Baglan N, Alanic G (2004). A method for the determination of low-level organic-bound tritium activities in environmental samples. *Appl Radiat Isotop*, **61** : 293-298.

Pointurier F, Baglan N, Alanic G, Chiappini R (2003). Determination of organically bound tritium background level in biological samples from a wide area in the south-west of France. *J Environ Radioact*, **68** : 171-189.

Pomplun E, Terrissol M, Hille R (2002). Ratio of complex double strand break damage induced by ^{125}IUdR and ^{123}IUdR correlates with experimental in vitro cell killing effectiveness. *Radiat Prot Dos*, **99** : 81-82.

Preston DL, Shimizu Y, Pierce DA, Suyama A, Mabuchi K (2003). Studies of Mortality of Atomic Bomb Survivors. Report 13: Solid Cancer and Noncancer Disease Mortality: 1950-1997. *Rad Res*, **160** : 381-407.

Ramade F (1992). *Précis d'écotoxicologie*. Masson. 300 p.

Règlement EURATOM n° 2218/89 du Conseil du 18 juillet 1989 fixant les niveaux maximaux admissibles de contamination radioactive pour les denrées alimentaires et les aliments pour le bétail après un accident nucléaire ou dans toute autre situation d'urgence radiologique, *Journal officiel des Communautés européennes* n° L211, 22/07/89.

Richardson RB, Dunford DW (2003). A biochemical based model for the dosimetry of dietary organically bound tritium-part 2: Dosimetric evaluation. *Health Phys*, **85** : 539-552.

RIFE 1-7 (1996-2002) *Radioactivity in food and the environment*. Food Standards Agency and SEPA, London and Stirling.

RIFE 8-13 (2003-2008) *Radioactivity in food and the environment*, Environment Agency. Environment and Heritage Service, Food Standards Agency and SEPA, Preston, Belfast, London and Stirling.

Rodgers D (1986). Tritium dynamics in juvenile rainbow trout, *Salmo gairdneri*. *Health Phys*, **50** : 89-98.

Rodriguez-Rodrigo L (2008) La gestion des déchets d'ITER. *Colloque ANCLI* 4-5 novembre 2008 http://www.ancli.fr/gpmdr/session4/dechets-trities-iter.pdf

Rodriguez-Rodrigo L, Cortes P (2009). Optimisation de la gestion du tritium dans le projet ITER. *Journées Tritium SFRP.* Paris, 23-24 septembre 2009. http://www.sfrp.asso.fr/IMG/pdf/18-PCortes.pdf

Ron E, Modan B, Preston D, Alfandary E, Stovall M, Boice JD (1989) Thyroid Neoplasia following Low-Dose Radiation in Childhood. *Rad Res*, **120** : 516-531.

Rytömaa T, Salveto J, Toivonen H (1979). Radiotoxicity of tritium-labelled molecules. *In :* IAEA. *Biological implications of radionuclides released from nuclear industries.* Vol I. Vienna. 26-30 march 1979, 239-250.

Sainteny Y, Roche S, Meynard D, Lopez BS (2008). Homologous recombination is involved in the repair response of mammalian cells to low doses of tritium. *Rad Res,* **170** : 172-183.

Sankaranarayanan K, Chakraborty R (2000) Ionizing radiation and genetic risks. XI. The doubling dose estimates from the mid-1950s to the present and the conceptual change to the use of human data on spontaneous mutation rates and mouse data on induced mutation rates for doubling dose calculations. *Mut Res*, **453** : 107-127.

Sasaki MS (1991). Primary damage and fixation of chromosomal DNA as probed by monochromatic soft x-rays and low-energy neutrons. *In :* Fielden EM, O'Neil P (eds). *The Early Effects of Radiation on DNA.* NATO ASI Series, **H54**, Springer Verlag, Berlin, 369-384.

Satow Y, Lee JY, Sawada S, Nakamura N (1987). Teratogenicity of tritium on rats embryos. *Cong Anom*, **27** : 23-29.

Schmid E, Regulla D, Kramer HM (2002). The effect of 29 kV X rays on the dose response of chromosome aberrations in human lymphocytes . *Rad Res*, **158** : 771-777.

Seelentag W (1973). Two cases of tritium fatality. *In :* Moghissi AA, Carter MW (Eds) *Tritium*. Messenger Graphics, 267-280.

SEIVA (2008a). *Résultats d'analyses de radioactivité 1997-2007 - Suivi de l'environnement autour du centre CEA de Valduc.*

SEIVA (2008b). *Savoir et Comprendre*, **23**, février 2008.

SEIVA (2008c) *Rejets atmosphériques de tritium par le CEA de Valduc,* d'après CEA-DAM-IDF. Rapport technique 1969-1999 et CEA Valduc. Bilans annuels de surveillance de l'environnement 2000-2007.

SFRP, Société Française de Radioprotection (2002). *Le tritium et l'environnement,* 11 p.

Shinnohara K (2004). Assessment of radiological effects on the regional environment due to the operation of the Tokai Reprocessing Plant. *J Environ Radioact*, **72** : 299-322.

Siclet F (2001). Transfert jusqu'à l'estuaire des radionucléides rejetés par les CNPE du bassin de la Loire. *Hydroécol Appl*, **13** : 43-83.

Siclet F, Luck M, Le Dortz JG, Damois C, Ciffroy P, Hendrickx F, Courivaud JR (2002). Radionuclides concentrations in the Loire river system resulting from routine discharges of five nuclear power plants: assesment of dose to man. *Radioprotection*, **37** : 399-410.

Smeesters P (2006). New data on radiation-induced genetic risk and prenatal exposures : ethical aspects and regulatory implications. *In :* FANC-AFC with SCK-CEN. *Ionizing radiation, genetic and embryonic risk: Chernobyl data and new insight organized.* Brussels 21 april 2006, 8.

Smith JT (2006). Modelling dispersion of radionuclides following short duration releases to rivers: Part 2. Uptake by fish. *Sci Total Environ*, **368** : 502-518.

Smith JT, Bowes MJ, Denison FH (2006). Modelling dispersion of radionuclides following short duration releases to rivers: Part 1. Water and sediment. *Sci Total Environ*, **368** : 485-501.

Strack S, Bonotto S, Kirchmann R (1980). Radioactive contamination of the marine environment: Uptake and distribution of ^{3}H in *Dunaliella bioculata. Helgoländer Meeresunters*, **33** : 153-163.

Strack S, Kirchmann R, Luttke A, Bonotto S (1983). Selective accumulation of organically bound tritium in the marine unicellular algae *Dunaliella bioculata* and *Acetabularia mediterranea. Int Appl Radiat Isot*, **34** : 865-869.

Strack S, Kistner G, Emeis CC (1979). Incorporation of tritium into planktonic algae in a continous culture under dynamic conditions. In : Proceedings of an international symposium *Behaviour of Tritium in the environment*, IAEA, Vienna, Austria, 219-230.

Straume T (1993). Tritium risk assessment. *Health Phys*, **65** : 673-682.

Straume T, Carsten AL (1993). Tritium radiobiology and relative biological effectiveness. *Health Phys*, **65** : 657-672.

Streffer C, Van Beuningen D, Elias S (1977). Comparative effects of tritiated water and thymidine on the preimplanted mouse embryos *in vitro. Curr Top Radiat Res Quat*, **12** : 182-193.

Suyama I, Etoh H, Maruyama T, Kato Y, Ichikawa R (1981). Effects of ionizing radiation on the early development of *Oryzias* eggs. *J Radiat Res*, **22** : 125-133.

Takeda H (1991). Incorporation and distribution of tritium in rats after chronic exposure to various tritiated compounds. *Int J Radiat Biol*, **59** : 843-853.

Takeda H, Iwakura T (1992). Incorporation and distribution of tritium in rats exposed to tritiated rice or tritiated soybean. *J Radiat Res*, **33** : 309-318.

Takeda H, Lu HM, Miyamoto K, Fuma S, Yanagisawa K, Ishii N, Kuroda N (2001). Comparative biokinetics of tritium in rats during continous ingestion of tritiated water and tritium-labeled food. *Int J Radiat Biol*, **77** : 375-381.

Tanaka K, Sawada S, Kamada N (1994). Relative biological effectiveness and dose rate effect of tritiated water on chromosomes in human lymphocytes and bone marrow cells. *Mut Res*, **323** : 51-63.

Thompson DE, Mabuchi K, Ron E, Soda M, Tokunaga M, Ochikubo S, Sugimoto S, Ideka T, Terasaki M (1994) Cancer incidence in atomic bomb survivors, Part II. Solid tumours 1958-1987. *Rad Res*, **135** : S17-S67.

Török P, Schmahl W, Meyer I, Kistner G (1979). Effects of a single injection of tritiated water during organogeny on the prenatal and postnatal development of mice. *In :* IAEA. *Biological implications of radionuclides released from nuclear industries*. Vol I. Vienna. 26-30 march 1979, 241-254.

Trabalka JR, Kocher DC (2007). Energy dependence of dose and dose-rate effectiveness factor for low-let radiations: potential importance to estimation of cancer risks and relationship to biological effectiveness. *Health Phys*, **93** : 17-27.

Triverdi A, Richardson RB, Galeriu D (1995). Dynamics of tritiated water and organically bound tritium following an acute intake of tritiated water. *Fusion Technol*, **28** : 982-987.

Tubiana M, Dutreix J, Wambersie A (1990). *Introduction to radiotherapy*. Taylor and Francis Eds, London, New York, Philadelphia.

Ueno AM, Furuno-Fukushi I, Matsudaira H (1982). Induction of cell killing, micronuclei and mutation to 6-thioguanidine resistance after exposure to low dose rate gamma ray and tritiated water in cultured mammalian cells (L5178Y). *Rad Res*, **91** : 447-456.

Ueno AM, Furuno-Fukushi I, Matsudaira H (1989). Cell killing and mutation to 6-thioguanidine resistance after exposure to tritiated amino acids and tritiated thymidine in cultured mammalian cells. *In :* Okada S (Ed) *Proceedings of th 3rd Japanese US Workshop*. Nagoya University, Japan, IPPJ-REV-3, pp. 200-210. Cité par CIPR (2007a). Publication 103.

Ujeno Y (1983). Relative biological effectiveness (RBE) of tritium beta rays in relation to dose rate. *Health Phys*, **45** : 789-791.

UNSCEAR (United nations scientific committee on the effects of atomic radiation) (1981). Exposures resulting from nuclear explosions, A/AC.82/R. 399, New York, 1981.

UNSCEAR (United nations scientific committee on the effects of atomic radiation) (2001). Heritable effects of ionizing radiation. *Report to the general assembly*. New York.

Van Den Hoek J, Ten Have MHJ, Gerber GB, Kirchmann R (1985). The transfer of tritium-labeled organic material from grass into cow's milk. *Radiat Res*, **103** : 105-113.

Vray F, Descamps B (2001). Utilisation d'un indicateur biologique pour l'évaluation de rejets atmosphériques de tritium dans l'environnement : mise au point méthodologique. IPSN, Rapport DPRE/SERNAT/2001-35.

Wang B, Takeda H, Gao WM, Zhou XY, Odaka T, Ohyama H, Yamada T, Hayata I (1999). Induction of apoptosis by beta irradiation from tritium compounds in mouse embryonic brain cells. *Health Phys*, **77** : 16-23.

Williams JL, Russ RM, McCubbin D, Knowles JF (2001). An overview of tritium behaviour in the Severn Estuary (UK). *J Radiol Prot*, **21** : 337-344.

Wong FL,Yamada M, Sasaki H, Kodama K, Akiba S, Shimaoka K, Hosoda Y (1993). Noncancer disease incidence in the atomic bomb survivors 1958-1986. RERF TR 1-92. *Rad Res*, **135** : 418-430.

Yamada T, Yuwaka O (1984). Changes in sensitivity of mouse embryos during the pronuclear and the 2-cell-stage. *In :* Streffer C, Patrick G (Eds). EULEP (European late effects project group) symposium *Effects of prenatal irradiation*. Bordeaux, 26-29 July, 1982, 355-365.

Yamaguchi T, Yasukawa M, Terasima T, Matsudaira H (1985). Malignant cell transformation induced by tritiated water in mouse 10T1/2 cells. *In : Proceedings of the 2d Workshop on Tritium Radiobiology and Health Physics*. NIRS-M-52. Cité par Duport P, Flüry-Hérard A, Rabin E 1996, Effets biologiques et risques liés au tritium. *In :* Belot Y, Roy M, Métivier H (Dir.) *Le tritium, de l'environnement à l'homme*. Éditions de Physique, 190 p.

Yamamoto O, Seyama T, Jo T, Terato H, Saito T, Kinomura A (1995). Oral administration of tritiated water (HTO) in mouse, II. Tumour development. *Int J Radiat Biol*, **68** : 47-54.

Young R, Kerr G (1995). *Reassessment of the atomic radiation dosimetry for Hiroshima and Nagasaki :* Report of the joint US-Japan working group, Radiation Effects Research Foundation. Hiroshima.

Zablobska L. B., Ashmore J.P., Howe G. R. (2004). Analysis of mortality among Canadian nuclear power industry workers after chronic low-dose exposure to ionizing radiation. *Radiat Res*, **161** : 633-641.

Zaka R, Chenal C, Misset MT (2002). Study of external low irradiation dose effects on induction of chromosome aberrations in *Pisum sativum* root tip meristem. *Mut Res*, **517** : 87-99.

Zamenhof S, van Marthens E (1979). The effects of chronic ingestion of tritiated water on prenatal brain development. *Radiat Res*, **77** : 117-127.

Zannetti P (1990). *Air Pollution Modeling : Theories, Computational Methods and Available Software*. Computational Mechanics Publications, Southampton and Boston, 444 p.

Zhou XY, Dong JC, Geng XS, Wei LX (1986). Tritium beta-ray and ^{60}Co gamma-ray caused dominant lethal mutation in mice. *Chin Med J*, **99** : 420-423.

Zhou XY, Dong JC, Zhou SY, Chen JD, Guo FR (1989). Experimental study on relative biological effectiveness of tritium and risk estimates of genetic damage. *Chin Med J*, **102** : 872-878.

Index

V

Z

Mise en page : Compo-Méca sarl
64990 Mouguerre

Imprimé en France par EMD S.A.S.
53110 Lassay-les-Châteaux
Dépôt légal : juin 2010
N° d'imprimeur : 23282
N° 1251 – Gardapat 115°